W0255762

WERKSTATTBÜCHER

FÜR BETRIEBSBEAMTE, KONSTRUKTEURE U. FACHARBEITER
HERAUSGEGEBEN VON DR.-ING. H. HAAKE VDI

Jedes Heft 50—70 Seiten stark, mit zahlreichen Textabbildungen
Preis: RM 2.— oder, wenn vor dem 1. Juli 1931 erschienen, RM 1.80 (10% Notnachlaß)
Bei Bezug von wenigstens 25 beliebigen Heften je RM 1.50

Die Werkstattbücher behandeln das Gesamtgebiet der Werkstattstechnik in kurzen selbständigen Einzeldarstellungen; anerkannte Fachleute und tüchtige Praktiker bieten hier das Beste aus ihrem Arbeitsfeld, um ihre Fachgenossen schnell und gründlich in die Betriebspraxis einzuführen.

Die Werkstattbücher stehen wissenschaftlich und betriebstechnisch auf der Höhe, sind dabei aber im besten Sinne gemeinverständlich, so daß alle im Betrieb und auch im Büro Tätigen, vom vorwärtsstrebenden Facharbeiter bis zum leitenden Ingenieur, Nutzen aus ihnen ziehen können.

Indem die Sammlung so den einzelnen zu fördern sucht, wird sie dem Betrieb als Ganzem nutzen und damit auch der deutschen technischen Arbeit im Wettbewerb der Völker.

Einteilung der bisher erschienenen Hefte nach Fachgebieten

I. Werkstoffe, Hilfsstoffe, Hilfsverfahren

II. Spangebende Formung

WERKSTATTBÜCHER

FÜR BETRIEBSBEAMTE, KONSTRUKTEURE UND FACHARBEITER. HERAUSGEBER DR.-ING. H. HAAKE VDI

HEFT 31

Gesenkschmiede

Erster Teil

Gestaltung und Verwendung der Werkzeuge

Von

H. Kaessberg

Beratender Ingenieur

Zweite, neubearbeitete Auflage
des zuerst von **P. H. Schweißguth** † bearbeiteten Heftes

Mit 254 Abbildungen im Text

Springer-Verlag Berlin Heidelberg GmbH 1938

Inhaltsverzeichnis.

ISBN 978-3-642-89020-8 ISBN 978-3-642-90876-7 (eBook)
DOI 10.1007/978-3-642-90876-7

Vorwort.

Das Werkstattbuch Gesenkschmiede I von Schweißguth † war vergriffen und liegt nun in neuer Bearbeitung vor. Der Verfasser war bemüht, das neue Heft auf den heutigen Stand der Gesenkschmiedetechnik zu ergänzen und dabei die Darlegungen über das Gestalten der Schmiedewerkzeuge schärfer zu gliedern. Viele gute Lehrbeispiele von Schweißguth konnten beibehalten werden.

Die Gesenkschmiedeindustrie wurde in Deutschland in der Hauptsache vom Handwerker und Kaufmann geschaffen. Der Ingenieur blieb lange im Hintergrund. Vor dem Weltkriege gab es nur wenige Ingenieure, die sich mit dem Gesenkschmieden beschäftigten. Nach dem Kriege suchte man auch wissenschaftlich den Problemen etwas näher zu kommen. Viel ist noch zu tun. Das neue Heft soll nun als schwierigste Aufgabe beim Gesenkschmieden die Gestaltung der Schmiedewerkzeuge in größtmöglicher Vielseitigkeit behandeln[1].

Einleitung.

Bis in die Mitte des 19. Jahrhunderts war alles Schmieden ein „Freiformschmieden". Das Gesenkschmieden kam erst auf mit der Verwendung von Hand-, Seil- und Riemenfallhämmern, zu denen dann von Amerika und England her die Brettfallhämmer und Dampfhämmer hinzukamen. Vor allem hat die mit der Steigerung des Verkehrs und des Maschinenwesens überhaupt entstehende Massenfertigung von kleinen Schmiedestücken dem Gesenkschmieden seinen Aufschwung und seine Bedeutung gegeben. Trotz hoher Gesenkkosten kann das Gesenkschmieden schon von 50 Stück an wirtschaftlich sein, zumal die erzeugten Werkstücke günstige Eigenschaften haben: Gußstücken gegenüber ist die größere Festigkeit und Zähigkeit bei geringerem Gewicht und Rauminhalt kennzeichnend; dazu kommt der größere Widerstand gegen Verschleiß und die Sicherheit gegen Bruch (Verbiegen besser als Brechen!); der Werkstoff ist dicht, und sein Faserverlauf entspricht der Werkstückform im Gegensatz zu Teilen, die durch spanabhebende Bearbeitung aus dem Vollen hergestellt sind. Die Oberfläche der Gesenkschmiedestücke ist sauber und genau, so daß in vielen Fällen eine Nacharbeit überhaupt fortfallen kann, im übrigen eine ganz geringe Zugabe ausreichend ist. Für den Hersteller und Käufer ist es wertvoll, zu wissen, daß bei einmal eingerichtetem Fertigungsgang alle Stücke gleichmäßig gut werden.

Das Gesenkschmieden ist ein Warmverformen in einer Hohlform, dem Gesenk. Schon der Handschmied benutzt Gesenke, wie z. B. Setzeisen und Lochstempel. Auf Grund der Massenfertigung entwickelte sich mit der Maschine auch das Werkzeug. Die große Stückzahl gleicher Formen rechtfertigte den Mehraufwand an Zeit, Kosten und Sorgfalt, und so ersetzten Maschine und Maschinenwerkzeug mit ihrer Schnellarbeit den langsamen Handschmied.

Schlagen wir ein glühendes Stück Stahl *St* in eine Hohlform *A* (Abb. 1 u. 2),

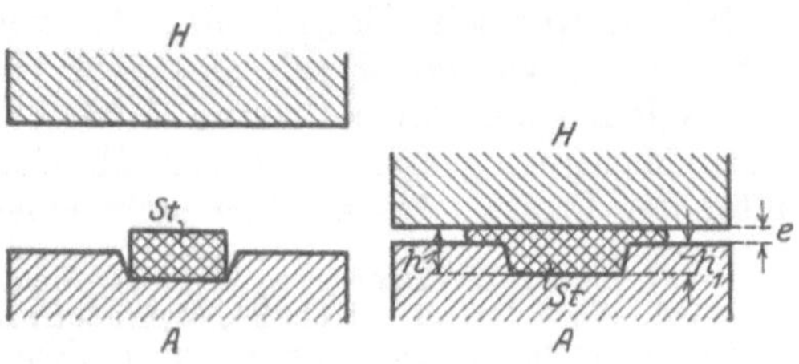

Abb. 1 u. 2. Schmieden im Gesenk.

[1] Siehe auch Vorwort zu Heft 58, Gesenkschmiede II.

so fließt der Stahl unter der Wirkung der Schläge des Hammers *H* in den Hohlraum und füllt ihn aus. Der Überschuß an Werkstoff, dadurch entstanden, daß der Rauminhalt des Stoffes *St* größer ist als die Hohlform *a—b—c—d* (Abb. 3), weicht seitlich aus. Der Hammer schlägt auf diesen Überschuß *a—g—k* und *d—i—f*, „Grat" genannt, bis er erkaltet, dabei an Festigkeit zunimmt und nicht mehr dünner wird. Die endgültige Dicke *e* des Überschusses nennen wir Gratstärke. Die Tiefe h_1 (Abb. 2) der Form muß um die Gratstärke *e* geringer sein als die Höhe *h* des fertigen Werkstückes.

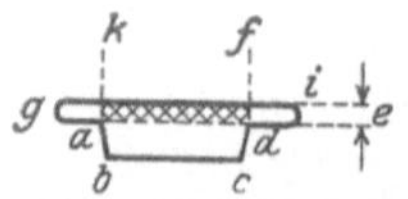

Abb. 3. Schmiedestück.

Abb. 4. Abgraten eines Schmiedestückes auf einer Abgratpresse (Bauart Pels).

Man kennt Gesenkschmiedeverfahren auch ohne Gratbildung, wobei der Werkstoff genau in das Gesenk paßt. Eine solche genaue Zumessung des Rohstoffes erfordert aber große Mühe, die sich nur bei kostbarem Metall oder großer Bearbeitungsersparnis lohnt. Im Werkzeug (Abb. 4) wird der Werkstoffüberschuß abgegratet (vgl. Abb. 241 · · · 244).

I. Grundlagen der Gesenkgestaltung.

A. Bildsamkeit des Werkstoffes.

1. Das Formänderungsvermögen eines Werkstoffes beruht auf der Fähigkeit seiner Kristalle, Gleitebenen zu bilden, in denen Verschiebungen auftreten können, ohne daß der Zusammenhang der Werkstoffteilchen zerstört wird[1]. Die Verformung spielt sich ab im Bereich zwischen Elastizitäts- und Fließgrenze[2] des Werkstoffes. Unterhalb der Elastizitätsgrenze tritt keine bleibende Formänderung ein, oberhalb der Fließgrenze wird der Werkstoff zerstört.

Bei der Warmformgebung wird der Werkstoff durch Werkzeuge wie Walzen oder Gesenke gezwungen, in bestimmten Richtungen zu „fließen". Außer der Formänderungsfestigkeit, d. i. der Widerstand, den der Körper einer Formänderung entgegensetzt, gibt es noch andere Einflüsse auf das Fließen, wie Reibung an den Werkzeugflächen und Abkühlung an den Gesenkwandungen. Beim Gesenkschmieden ist es besonders schwer, die Wirkung dieser Erscheinungen zu erforschen, vorauszubestimmen und den Arbeitsbedarf zu berechnen. Durch Untersuchung der Verformungsvorgänge an einfachen Körpern und bei einschränkenden Voraussetzungen kann man aber bereits wertvolle Schlüsse ziehen[3].

Bislang war beim Gesenkschmieden von Stahl der Hammer, also das Schlagschmieden vorherrschend. Je mehr die Technik fortschreitet — und damit der Gedanke der Arbeitsteilung — desto mehr hebt sich die Eigenart der einzelnen Maschinengattungen hervor. Man kann das Zunehmen des Gesenkschmiedens unter der Presse (einschließlich Schmiedemaschine als waagerechte Presse), also

[1] Vgl. hierzu Werkstattbuch Heft 64, Metallographie.

[2] Vgl. Werkstattbuch Heft 34, Werkstoffprüfung.

[3] Das Gesenkschmieden findet seinen Ursprung im Freiformschmieden. In Heft 11 der Werkstattbücher sind eingehend die Grundlagen des Schmiedens geschildert. Die Werkstattbücher für das Freiformschmieden sind zum Vorstudium für das Gesenkschmieden zu empfehlen. Hier können nur ergänzende Bemerkungen, soweit sie die besonderen Verhältnisse beim Gesenkschmieden betreffen, gemacht werden.

das Druckschmieden, und in besonderen Fällen unter der Schmiedewalze, das Walzschmieden, beobachten.

2. Freie und behinderte Stauchung. Das Freiformschmieden besteht aus den Verformungsvorgängen Stauchen und Recken. Sie ergeben den Vorschub und Rückschub in Richtung des geschmiedeten Stabes und den Drang quer zur Stabrichtung. Es handelt sich dabei um ein Fließen des Werkstoffes in seitlich nicht begrenzter Lage, also um die sog. freie Stauchung zwischen den Bahnen des Hammerbären oder Pressenstößels und des Untersatzes.

In Abb. 5 erzeugt der Preßdruck P im Stab den Schub S und den Drang D, in Abb. 6 nach allen Seiten gleich große, waagerechte Teilkräfte p. Bei freier

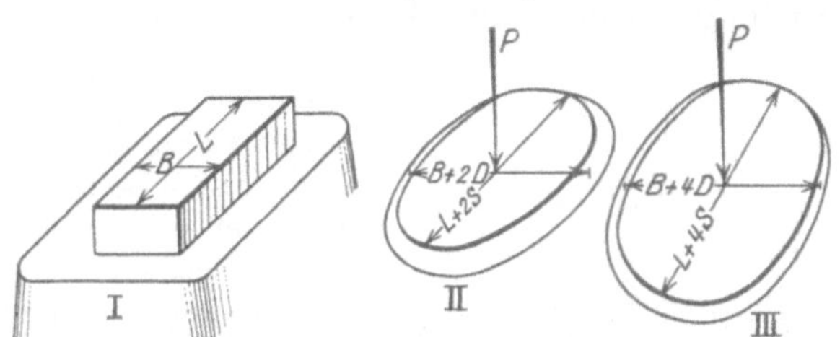

Abb. 5. Fließen beim freien Stauchen. I Rohstab; II erster Schlag; III zweiter Schlag.

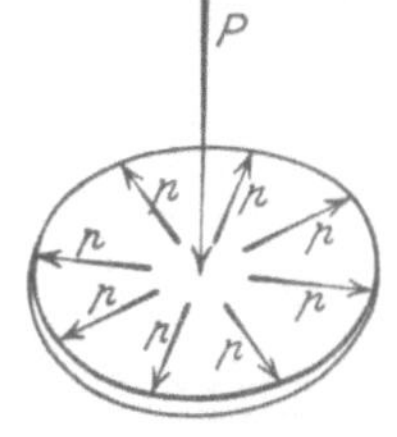

Abb. 6. Fließen beim freien Stauchen. Ausgangskörper zylindrisch.

Stauchung fließt der Werkstoff stets in Richtung des geringsten Widerstandes, bei der Flachstabform Abb. 5 also hauptsächlich in Richtung der Breite B. Ohne Berücksichtigung der Reibung zwischen den Preßbahnen und der gedrückten Fläche entsteht bei einfachen prismatischen und zylindrischen Körpern eine der Anfangsform ähnliche Endform (Abb. 7 I). Unter dem Einfluß der Reibung bilden sich die behinderten Fließzonen und es entstehen aus dem Zylinder (I) die Tonnen (II) und Pilzformen (III), Form II durch Warmstauchung bei geringer, Form III bei größerer Höhe des Zylinders I. Das Gesenkschmieden stellt im Gegensatz zum Freiformschmieden keinen Vorgang der freien Stauchung mit Reibung an den Preßflächen, sondern den Fall der behinderten Stauchung zwischen den Gesenkwandungen dar, wobei die Stauchung als hauptsächlichste Formänderung auftritt gegenüber der Längung und Breitung.

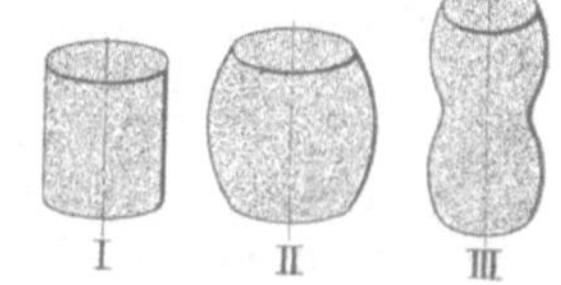

Abb. 7. Formen beim freien Stauchen. I Rohblock; II Tonnenform; III Pilzform.

3. Fließen im geschlossenen Gesenk. Übt man auf einen hocherhitzten Eisenstab, der ein geschlossenes Gesenk fast ausfüllt, einen Druck P aus, so wird der Stab zunächst von L auf L_1 (Abb. 8) zusammengedrückt, bis er die Wände des Gesenkes berührt. Wirkt dann P weiter, so kann der Drang, da das Fließen gehindert ist, auf die Gesenkwände einen so hohen Druck p ausüben, daß das Gesenk zersprengt wird, denn im Augenblick des Fließens pflanzt sich der Druck im Innern des Stoffes ähnlich fort wie in einer Flüssigkeit. Beschränkt wird das Fließen dadurch, daß die äußere Schicht des Werkstoffes, die mit dem gut wärmeleitenden Gesenk in

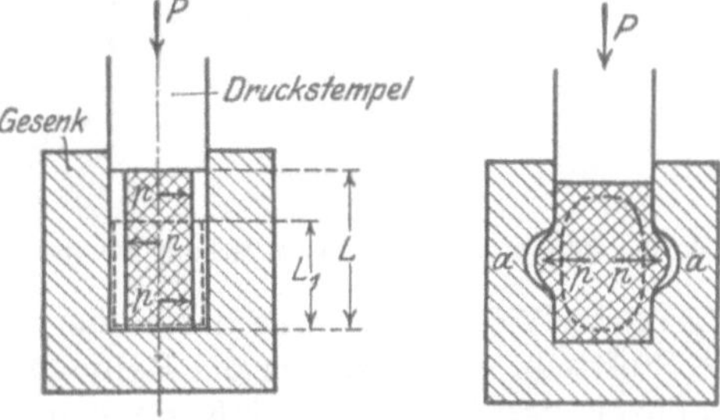

Abb. 8 u. 9. Fließen im geschlossenen Gesenk.

Berührung steht, schnell abkühlt, dadurch größere Festigkeit erlangt und dem Fließen Widerstand leistet.

Beim Formen im Gesenk ist es nun von großem Vorteil, diesen Druck p des Dranges möglichst groß zu machen und zur Formbildung auszunutzen. Im einseitigen Gesenk Abb. 8 ist dies leicht möglich. Alle Stoffteilchen haben das Bestreben, wie in Abb. 6, von der Mitte nach außen zu entweichen, so daß, wenn man dem Gesenk eine Erweiterung a gäbe, wie Abb. 9, auch diese voll ausgefüllt werden könnte. Die Stoffteilchen weichen also unter dem Preßdruck P so lange aus, bis sie auf Widerstand stoßen.

Gibt man dem Gesenk bei b (Abb. 10) eine Öffnung, so fließt der Stoff hier als Strahl aus, solange im Innern ein genügend großer Kern K von hoher Temperatur und damit von genügender Weichheit vorhanden ist. Diesen Vorgang nennt man Spritzen. Beim Spritzen quillt der Werkstoff durch jede im Gesenk angebrachte Öffnung heraus, nicht nur in der Richtung des Preßdruckes (Abb. 10), sondern auch in der des Dranges (Abb. 11). Es hängt dies eben nur vom Druck P und der Temperatur des Stoffes ab. Man kann auch in den Druckstempel P hineinspritzen und erhält dann einen Körper mit einem Zapfen, oder man ordnet in Stempel und Boden je eine Vertiefung an (Abb. 12), um zu gleicher Zeit zwei Zapfen zu erhalten. Stoffe, die nicht schmiedbar sind, sind auch nicht spritzbar.

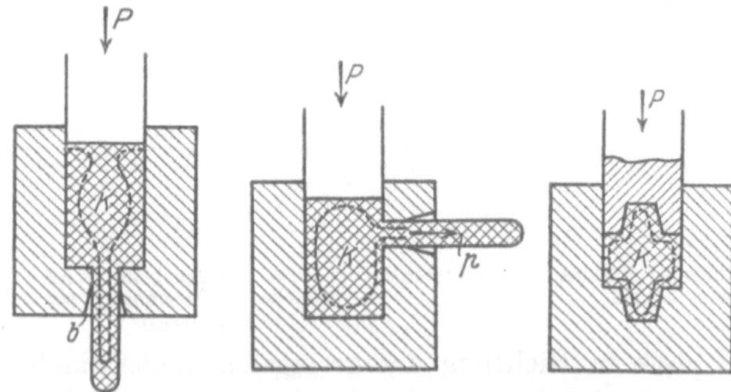

Abb. 10 ··· 12. Spritzen im geschlossenen Gesenk.

Wenn man einen Abschnitt hochangewärmten Stahles in einem geschlossenen Gesenk dem Druck P eines Dornes D aussetzt (Abb. 13), so wird der Rohstoff zusammengedrückt, bis er den Boden der Büchse vollständig ausfüllt. Setzt man jetzt den Druck fort, so bilden sich die Druckkegel R_1 und R_2, und da der Stoff nur bei e ausweichen kann, so entsteht bei stetigem Vorschub des Dornes (II) eine Fließzone, aus welcher der verdrängte Rohstoff in der Richtung p aufströmt, bis der Dorn kurz vor dem Erreichen des Gesenkbodens sehr großem Widerstande durch den hier stärker abgekühlten Stoff begegnet (III). Diese Stoffteile a sind durch die Reibung r des Rohstoffes an den Gesenkwänden am Fließen verhindert, so daß sie keine Gelegenheit mehr haben, auszufließen. Der Druck steigt plötzlich von etwa 25 auf 45 ··· 50 kg/mm². So ist für jede Dornform eine gewisse Bodenstärke h gegeben, bei deren Überschreitung Maschinen, Gesenke und Dorne leiden (vgl. Abb. 177).

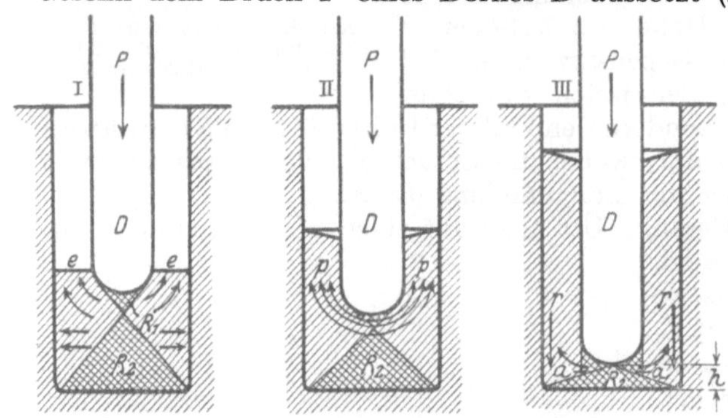

Abb. 13. Fließen im geschlossenen Gesenk um einen Dorn.

4. Fließen im geteilten Gesenk. Beim Gesenkschmieden kommt zum Recken und Stauchen noch das Steigen oder Wachsen des Werkstoffes hinzu. Darunter versteht man das Fließen beim Ausfüllen der Form in senkrechter Richtung. Je dünner der für die Gratbildung verfügbare Zwischenraum zwischen den Gesenkhälften ist, um so größer ist der Fließwiderstand und um so schneller erkaltet der hineinquellende Werkstoff, was den Fließwiderstand noch weiter erhöht. Schließlich entsteht ein Überdruck im Gesenk, der das Emporsteigen des Werkstoffes erzwingt.

Ein erhöhter Widerstand tritt auch in den scharfen Gesenkecken auf. Die Gefahr, daß die Form nicht ausgefüllt wird, vermeidet man durch geneigte Flächen und gute Abrundungen, ferner durch gutes Vorformen des Werkstoffes, so daß er schon beim Einlegen die Gesenkform gut ausfüllt. Technologisch bedeutet das eine Verkleinerung des Verformungsweges.

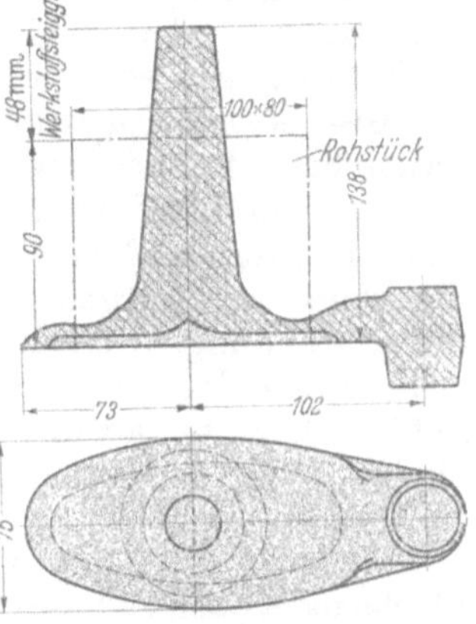

Abb. 14. Kraftwagen-Achsschenkel (Hammerform). Rohling und Fertigstück.

Einen Achsschenkel (Abb. 14) stellt man in einer Hitze in je drei Schlägen unter dem Hammer im Vor- und Fertiggesenk aus einem Stück Knüppel (legierter Baustahl) her. Das Knüppelstück wird von der Stange abgeschnitten, etwas gebreitet und dann sofort ins Gesenk geschlagen. Der Werkstoff steigt im Zapfen um rd. 48 mm = 53% über Anfangshöhe. Es handelt sich hier um ein kennzeichnendes Stück für Hammerarbeit. Demgegenüber ist die Presse für das Breiten vorzuziehen. Als Beispiel dafür zeigt Abb. 15 eine Nabe aus legiertem Baustahl, die in einem Vordruck (lediglich zum Entzundern) und einem Fertigdruck unter der Schmiedepresse hergestellt wird. Die Gestaltung des Preßgesenkes beruht auf Ausnutzung des Stauchvorganges und des Breitens, die des Hammergesenkes in der Ausnutzung der Steigfähigkeit und des Streckens.

Das Ausfüllen der Gesenkform ist aber nicht von der Art des Fließvorganges im Werkstoff allein abhängig, auch die Verformungsgeschwindigkeit und die Abkühlung an der Gesenkwandung sind von Einfluß. Beim Hammer mit Untersatz zeigt sich ein besseres Ausschlagen der Form nach dem Obergesenk zu, überhaupt wird die Form schärfer ausgeprägt als beim Pressen. Zweifellos erhalten beim Schmieden unter Hämmern mit hoher Auftreffgeschwindigkeit (rd. 6 m/s bei Hämmern mit Untersatz, rd. 3 m/s bei Gegenschlaghämmern) die Werkstoffteilchen an der Schmiedestückoberseite eine Beschleunigung, die sie infolge der geringen Druckfestigkeit des erhitzten Stückes nicht sofort nach unten ins Innere weitergeben können. Dadurch spritzen sie ins Obergesenk und bewirken schärfere Ausprägung. Ein Teil der Bärenergie wird hierdurch verbraucht, der Rest geht durch das Schmiedestück. Beim Gegenschlaghammer, der im Ober- und Untergesenk gleiche Verformungsgeschwindigkeiten zeigt, stellen wir trotzdem eine bessere Steigfähigkeit und schärfere Ausprägung der oberen Form fest. Das ist lediglich auf die Gesenkwandabkühlung zurückzuführen, weil das Werkstück länger in der Unterform liegt als in der Oberform und unten daher schneller abkühlt. Das Untergesenk verschleißt daher schneller. Bei Schmiedepressen (Starrschmiedepressen ohne wesentliche Ständerfede-

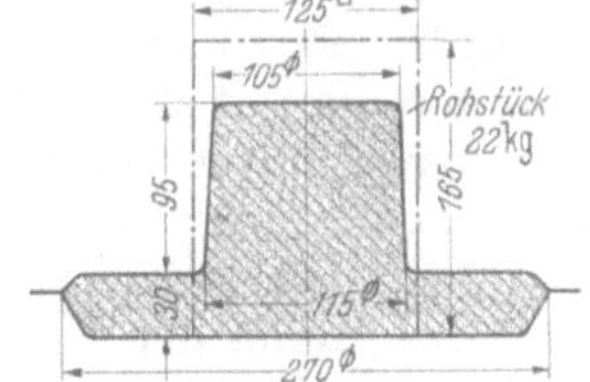

Abb. 15. Nabe (Preßteil). Rohling und Fertigstück.

rung) beobachten wir, trotz der geringen Verformungsgeschwindigkeit, dieselbe Erscheinung. Dabei kühlt sich der Werkstoff infolge der längeren Berührung an den Gesenkflächen stärker ab, außerdem wird die Form bei stark gegliederter Oberfläche des Schmiedestückes auch schlechter ausgeprägt, weil die Schlagwirkung fehlt. Bei Hammer und Presse bleibt das Schmiedestück in den oberen Schichten heißer und wärmt beim Hochgehen des Obergesenkes von innen nach, so daß es beim nächsten Schlag wieder gut warm ist und sich gut ausprägt. Man kann bei manchen Schmiedestücken gut verfolgen, wie schmale Rippen im oberen Teil nach Berühren mit dem Obergesenk schwarz geworden, also erkaltet sind, aber beim Hochgehen des Bären sofort wieder nachwärmen und rot werden. Gutes Lüften des Schmiedestückes ist also ein Mittel zum Nachwärmen und scharfen Ausschlagen.

Bei langsam gehenden Pressen wird das Stück wegen der längeren Berührung der Gesenkwandungen mit dem Werkstoff, wobei es sich ja meist nur um einen Druck handelt, oben und unten gleichmäßiger abgekühlt. Wenn nun bei massigen Preßstücken die Unterform schärfer ausgeprägt wird, so liegt das darin, daß der langsame, durchgehende Stauchdruck zu stauchen und zu breiten versucht und die Unterform zeitlich erst ausfüllt, bevor der seitliche Fließwiderstand durch die Gratbildung so stark wird, daß der Werkstoff zu steigen beginnt. Das aber geht wegen der geringen Verformungsgeschwindigkeit langsam: der Werkstoff kühlt sich weiter ab und füllt die obere Form schlecht aus. In manchen Fällen hindert auch eingeschlossene Luft das gute Ausschlagen; man bringt deshalb Luftlöcher an.

Allgemein gilt beim Gesenkschmieden der Grundsatz, die meist gegliederte Fläche nach oben zu legen, mit Ausnahme beim Schmieden unter langsam gehenden Pressen. Ferner benutzt man den Hammer zur Herstellung stärker gegliederter Schmiedestücke, die Presse dagegen für glatte, symmetrische und breitere Körper.

5. Der Kraft- und Arbeitsbedarf beim Gesenkschmieden[1] ist in hohem Maße von der Form der Gesenke abhängig und daher viel schwieriger zu berechnen als beim Freiformschmieden[2]. In der Praxis hilft man sich meist mit Faustformeln[3] oder richtet sich nach Erfahrungen mit ähnlichen Arbeiten. Bei der Formgebung der Gesenke kann man den Kraft- und Arbeitsbedarf beeinflussen, wenn man folgendes beachtet:

a) Der Formänderungswiderstand ist abhängig von der gedrückten Fläche und von der mit steigender Temperatur abnehmenden Festigkeit des Werkstoffes[4]. Für den Enddruck und damit für die Größe einer zu verwendenden Presse kommt dazu noch ein gewisser Einfluß der Werkstückform.

b) Bei Hammerschmiedearbeiten muß man von der Formänderungsarbeit ausgehen, denn der Hammerbär gibt beim Auftreffen sein aus Bärgewicht und Auftreffgeschwindigkeit zu berechnendes Arbeitsvermögen an das Werkstück ab. Die Verformungsarbeit ist zu bestimmen aus dem verdrängten Volumen und der Festigkeit des Werkstoffes; dabei ist der Weg, um den die Werkstoffteilchen verschoben werden, von hohem Einfluß. Man kann die Formänderungsarbeit durch gutes Vorformen und durch stufenweises Schmieden verkleinern. Ein Erhöhen der Auftreffgeschwindigkeit des Hammers ist praktisch zwecklos, weil auch der Fließwiderstand des Werkstoffes mit der Verformungsgeschwindigkeit sehr stark zunimmt.

---

[1] Vgl. Werkstattbuch Gesenkschmiede III.
[2] Werkstattbuch Heft 11, Freiformschmieden I.
[3] Siehe Angaben der Herstellfirmen von Schmiedemaschinen.
[4] Für Stahl siehe Werkstattbuch Heft 58, Gesenkschmiede II, Abb. 103.

c) Den Fließwiderstand bei der Gratbildung kann man verkleinern, indem man den Spalt in der Fließrichtung durch Wölben der Gesenkflächen erweitert. Günstig wirkt auch das Polieren der Gesenkflächen und das Schmieren mit Graphit und Öl bzw. Sägemehl, so daß beim Schmieden eine Gasschicht zwischen Werkstück und Gesenkwand entsteht.

d) Vergrößern kann man den Fließwiderstand durch Aufrauhen der Gratflächen und durch Einarbeiten von Stauriefen. Auch die Breite des Grates vergrößert den Fließwiderstand, wie überhaupt bei einer im Verhältnis zu ihrem Inhalt großen, zerklüfteten Oberfläche der Form infolge schnellerer Abkühlung des Werkstoffes das Schmieden schwieriger wird. Niedrige, breite Formen bieten daher einen größeren Fließwiderstand als höhere.

B. Arten der Schmiedewerkzeuge.

6. Kalt- und Warmarbeit. In diesem Heft wird nur das Gesenkschmieden[1] von Stahl behandelt. Dabei kommen als Kaltarbeiten das Schneiden, Abgraten, Kaltprägen und Spalten in Frage. Selbstverständlich kann man daraus auch gewisse Folgerungen für die Verarbeitung der Nichteisenmetalle und Leichtmetalle ziehen[2]. Man benötigt Werkzeuge zum Vorformen (Schneiden, Breiten, Recken, Spalten, Rollen, Biegen, Vorstauchen usw.), zum Fertigschmieden (Gesenkschmieden, Stauchen, Rollen, Pressen, Prägen, Richten, Walzen) und zur Nacharbeit (Abgraten, Lochen, Biegen usw.).

7. Sättel und Gesenke. Man unterscheidet:

a) Sättel zum Recken und Breiten unter Feder-, Luft-, Dampf- und Fallhämmern (s. S. 21).

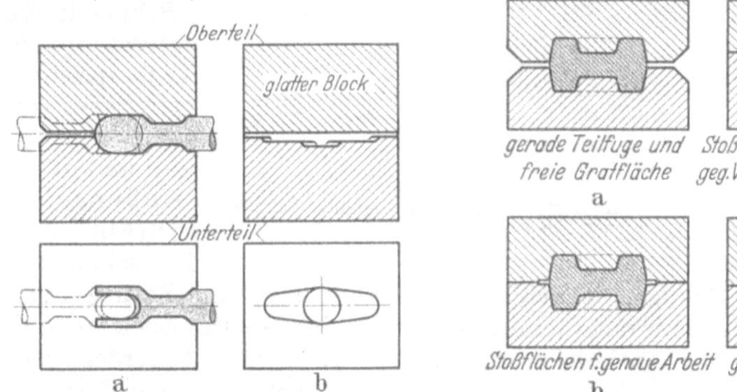

Abb. 16. Gesenkarten. —— einseitiges Werkstück; —·—·— doppelseitiges Werkstück. a offenes bzw. halboffenes Gesenk, b geschlossenes Gesenk.

Abb. 17. Gesenkteilung.

b) Gesenke, und zwar ein-, zwei- und mehrteilige (Abb. 16); am gebräuchlichsten sind zweiteilige. Einteilige Gesenke sind billig in der Herstellung, ergeben aber beim Abgraten der Werkstücke rissige Kanten.

Ferner unterscheidet man offene, halboffene und geschlossene Gesenke (Abb. 16). Maßgeblich ist hier, ob von der Stange oder mit abgetrennten Stücken geschmiedet wird.

Wichtig ist auch die Gesenkteilung (Abb. 16 u. 17). Sie legt die Schmiederichtung fest. Die Teilfuge ist entweder gerade oder gebrochen. Die Gesenke

[1] Betr. Kaltverformung siehe die Werkstattbücher: Herstellung roher Schrauben (Heft 41), Ziehtechnik in der Blechbearbeitung (Heft 25), Stanztechnik I bis IV (Hefte 44, 57, 59, 60).

[2] Vgl. Werkstattbuch Heft 41, Das Pressen der Nichteisenmetalle.

stoßen beim Schmieden entweder zusammen (Stoßflächen) — das bedeutet Genauschmieden — oder der Schmiedegrat legt sich dazwischen. Man setzt auch die Gesenke in Blöcke ein, sog. Gesenkhalter, und spricht dann von Einsatzgesenken (Abb. 18). Schließlich hat man noch Ein- und Mehrfachgesenke (Abb. 97 u. 100).

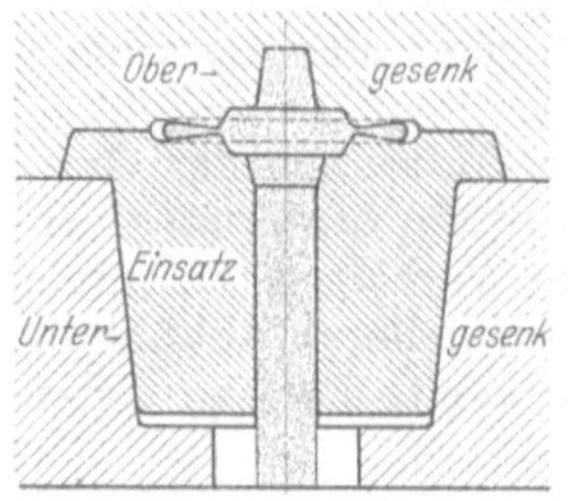

Abb. 18. Einsatzgesenk.

8. Abgratwerkzeuge. Der Grat wird durch Abscheren unter der Presse entfernt (Abb. 4 u. Abschn. 56). Kleine Schmiedestücke werden meist kalt, große meist warm abgegratet. Das hängt vom Werkstoff, vom Arbeitsverfahren und der Druckleistung der vorhandenen Abgratpressen ab. Das Warmabgraten erfordert wegen der geringeren Festigkeit des erwärmten Werkstoffes weniger Kraft. Kaltabgraten gibt aber im allgemeinen längere Lebensdauer der Schnittwerkzeuge, da die Schneidkanten beim Warmabgraten infolge mangelhafter Kühlung ihre Härte verlieren. Man gratet warm ab, wenn die Schmiedestücke anschließend warm gerichtet werden müssen. Ein Abgratwerkzeug (Abb. 4) besteht in der Hauptsache aus einem Unterteil, der Schnittplatte, und dem Oberteil, dem Stempel, dazu gehört meist noch ein Abstreifer für den Grat. Man unterscheidet Außen- und Lochschnitte, je nachdem Außen- oder Innenflächen am Schmiedestück entgratet werden. Auch spricht man von geschlossenen, halboffenen und offenen Außenschnitten (Abb. 19⋯21). Bei schmalen Gegenständen, z. B. bei Solinger Schneidwaren, zieht man oft die Zweiteilung vor, weil die Herstellung des in Frage kommenden schmalen Spaltes beim geteilten Schnitt durch einfaches Aushobeln möglich ist (Abb. 22). Außerdem ist die Instandhaltung erleichtert dadurch, daß zwischen die Schnittflächen Papier eingelegt wird. Beim Nachschleifen nimmt man zunächst die Einlagen heraus, bevor man das Werkzeug neu aufarbeitet.

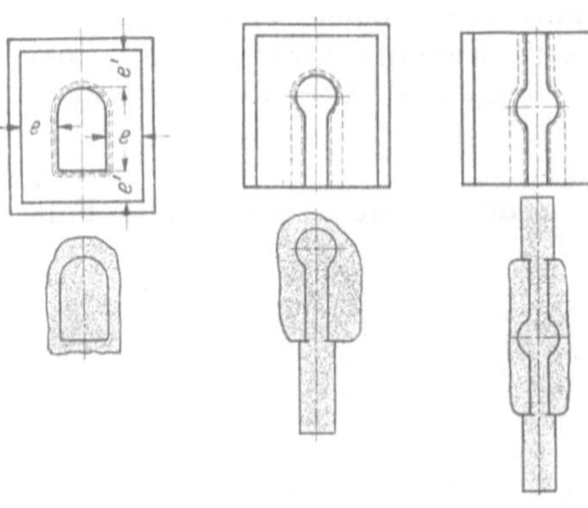

Abb. 19. Geschlossener Schnitt.

Abb. 20. Halboffener Schnitt.

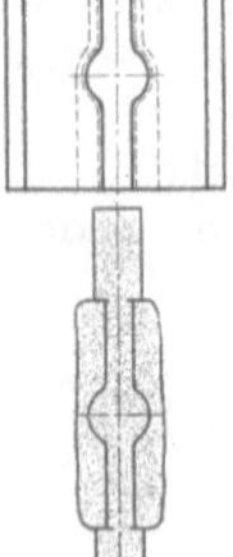

Abb. 21. Offener Schnitt.

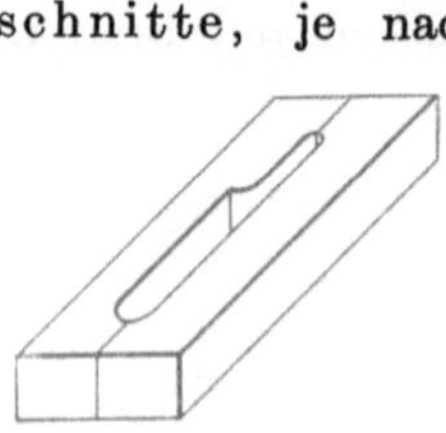

Abb. 22. Geteilter Schnitt.

9. Sonderwerkzeuge. Außer diesen Hauptwerkzeugen für Recken, Gesenkschmieden und Abgraten sind noch solche erforderlich für das Abtrennen des Werkstoffes, für das Rollen, Biegen, Stauchen, Walzen usw. Hierüber siehe unter den einzelnen Abschnitten.

C. Aufbau der Gesenke.

10. Äußere Form. Kleine Gesenke, die in einen Gesenkhalter eingepreßt, kegelig eingespannt oder mit Brille befestigt werden, sind im Querschnitt meist rund, bisweilen auch kantig. Größere Gesenke sind meist rechteckig, doch kommen auch runde Formen vor bei Herstellung großer Naben, Räder, Buchsen, Böden u. dgl., wodurch Werkstoff gespart wird. Hammergesenke werden wegen des erforderlichen elastischen Aufpralles höher ausgeführt als Preßgesenke[1].

11. Führung der Gesenke. Beim Gesenkschmieden entstehen durch die Verformung der verschiedenartigen Querschnitte am Schmiedestück auch Seitendrücke, die durch gute Führungen und entsprechende Gesenkbefestigung aufgehoben werden müssen.

Die beste Führung der Gesenke ist der genau im Hammerständer geführte Bär bzw. der im Pressenständer geführte Stößel. Wenn der Hammer gut gegründet ist und genau lotrecht steht, so braucht der Bär trotz Rücksicht auf Erwärmung äußerst wenig Spielraum, je Seite 0,2 ··· 0,4 mm, um mit sehr wenig Reibungsverlust in den Backen beim Niedergehen zu gleiten. Gute Führung des Bärs ist die erste Forderung für neuzeitliches Gesenkschmieden. In spanabhebenden Werkstätten achtet man darauf, daß die Gleitflächen der Maschinen keinen Schaden erleiden. Es besteht der Glaube, daß Staub, durch die Feuerstätten verursacht, in den Schmieden zur Tagesordnung gehört, obwohl sich auch hierin sehr viel tun läßt. Kein Wunder, daß beim bestgeführten Hammer der Bär in kurzer Zeit schlottert, wenn man das Spiel der Gleitbahn nicht ständig regelt. Um Gesenkstücke mit einer Genauigkeit von etwa 0,5 mm herzustellen, darf der Bär selbstverständlich nicht 2 mm schlottern. Zum Ausgleich schlechter Führung greift man zu dem Mittel der gegenseitigen Gesenkblockführung. Es gibt zwei Arten der Gesenkführungen: Die Führung durch Stifte (Abb. 23), die in den Ecken des Untergesenks eingelassen sind und in entsprechende Löcher des Obergesenks passen und die Führung durch Leisten bzw. Ringe (Abb. 29 u. 30).

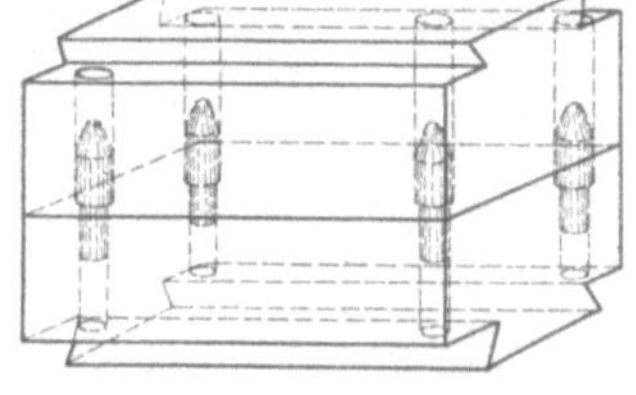

Abb. 23. Gesenkblockführung.

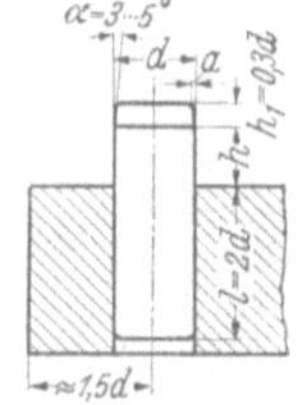

Abb. 24. Glatter Führungsstift.

a) Der Durchmesser der Führungsstifte (Abb. 24) hängt von der Größe des Gesenkes ab. Man kommt mit drei Sorten aus:

kleinere:	15/20 mm	Durchmesser	für	Gesenke	bis	200 mm	Länge	oder	Durchmesser
mittlere:	35/40	„	„	„	„	300	„	„	„
größere:	50	„	„	„	„	450	„	„	„

Nur für sehr schwere Gesenke von über 1000 kg nimmt man Führungsstifte von 60 mm und mehr.

Für Fertiggesenke ist die Höhe $h = 0{,}5\,d$ (Abb. 24), für Vorgesenke richtet sie sich jedoch nach der Dicke des Rohstoffes. Wenn der Boden des Obergesenkes den Rohstoff berührt, soll sich die untere Kante des Führungsloches bereits um einige Millimeter über den zylindrischen Teil des Stiftes geschoben haben. Der kegelige Teil mit der Kugelkappe h_1 hat gewöhnlich die Höhe $h_1 = 0{,}3\,d$. Das Maß a gibt an, um wieviel der Bär schlottern darf. Die Stifte werden stets im Untergesenk, doch verschieden geformt, eingesetzt, entweder glatt wie in Abb. 24 oder mit Absatz (Abb. 25). Die glatten Stifte sind vorzuziehen, weil dafür beide Gesenkhälften zusammengespannt und zugleich mit langen Spiralbohrern vorgebohrt und fertiggebohrt werden können. Bei abgesetzten Stiften muß man zuerst Löcher von 0,9 d bohren und diese dann im Ober-

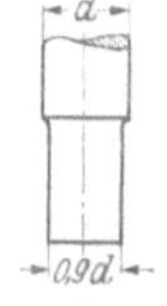

Abb. 25. Abgesetzter Führungsstift.

[1] Betr. Größe der Gesenkblöcke, ihre Bearbeitung und Befestigung siehe Werkstattbuch Heft 58, Gesenkschmiede II.

gesenk auf d aufbohren. Die Genauigkeit läßt aber stets zu wünschen übrig. Bei glatten Stiften sollte man die Löcher um 0,05 mm schwächer als d bohren und sie im Obergesenk um 0,2 ··· 0,5 mm aufreiben, damit der Stift fest ins Untergesenk getrieben werden kann, aber leicht im Obergesenk gleitet. Die Stifte sind aus hartem Maschinenstahl herzustellen. Die Unterkante des Loches im Obergesenk ist etwas abzurunden und zu glätten, damit sie nicht schabt (Abb. 26). Bohrt man die Stiftlöcher erst nach dem Ausarbeiten der Gesenkform, so hat man, namentlich bei schweren Gesenken und ungenauer Arbeit, wenig Gewähr für richtige Achsendeckung, da während des Bohrens Verschiebungen vorkommen können. Die Gesenkhälften sind daher beim Bohren fest zusammenzuklammern und möglichst auf dem Bohrtisch festzuspannen, bei fortwährender Prüfung der Marken und des Achsenkreuzes. Genaues Aufreißen der Gesenkeinarbeitung auf beiden Gesenkhälften verhütet meist eine Versetzung. Bei ungenauer Arbeit muß man besondere exzentrische Führungsstifte anfertigen.

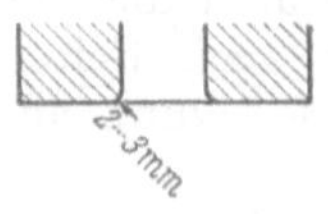

Abb. 26. Abrundung des Führungsloches.

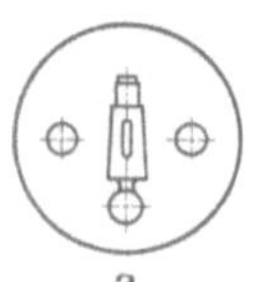
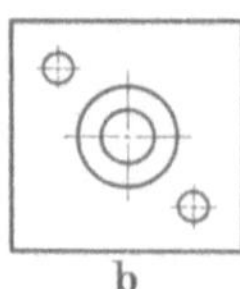
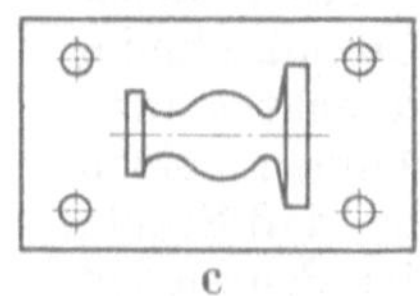
a b c

Abb. 27a, b, c. Anordnung der Führungsstifte.

Bei runden kleineren Gesenken genügen zwei Stifte (Abb. 27a), bei den mittleren viereckigen Gesenken ebenfalls zwei über Eck (Abb. 27b), für größere Gesenke sind vier Stifte anzuordnen (Abb. 27c). Man bohre die Stiftlöcher genau rechtwinklig zur Gesenkfläche und genau im Rechteck oder Quadrat; man kann dann zum Anreißen der Gesenkform auf den gefärbten Gesenkflächen eine Schablone benutzen, in die man mit derselben Genauigkeit die zwei oder vier Löcher eingeschnitten hat. Die Stifte werden erst nach Fertigstellung des Gesenkes in das Unterteil eingetrieben, und zwar glatte Stifte von der Schwalbenseite und abgesetzte von der Gravurseite aus.

Abb. 28. Schmiedemaschinengesenk mit Stiftführung, von oben gesehen.

Bei stark schlotterndem und schief fallendem Bär werden die Führungsstifte seitlich stark abgenutzt, auch durch den Seitendruck gelockert und verschoben, so daß sie oft nachgerichtet werden müssen. Es gibt eben keine Führungsvorrichtung, die den gut geführten Bär ersetzen könnte. Auch bei Schmiedemaschinengesenken sieht man bisweilen Führungsstifte vor (Abb. 28). Man verlegt hier die Stifte nach hinten, damit sie die Ausnutzung der Gesenkfläche am vorderen Ende der Backen nicht hindern.

b) Führungsleisten bzw. -ringe lassen sich durch Hobeln bzw. durch Drehen einfach und genau herstellen. Abb. 29 zeigt die üblichen Maße[1]. Oft übernimmt der überragende Rand des Gesenkhalters die Rolle der Führungsleiste (Abb. 30). Die geraden, parallelen Führungsleisten Abb. 29 bei mittleren und größeren Gesenken haben zwar den Vorteil der Einfachheit, zeigen aber doch manche Übelstände. Die Achsendeckung der Gesenkhälften ist erst im

Abb. 29. Maße für Führungsleisten.

Länge L od. Drchm.	mm	bis 200	bis 300	bis 450
Schräge α	°	2···10	2···10	2···10
Höhe h	mm	20	25	30
Breite b	mm	30	40	50···60

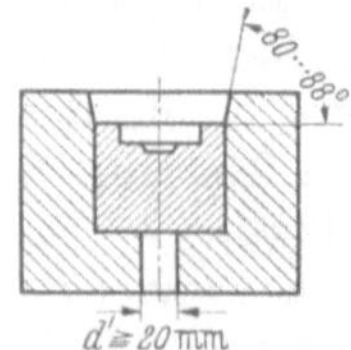

Abb. 30. Führung durch Gesenkhalter.

[1] Siehe auch Werkstattbuch Heft 58, Gesenkschmiede II, Abb. 30 u. 34.

Augenblick des dichten Zusammenliegens von Ober- und Unterteil gewährleistet, nachdem der Werkstoff bereits verschoben ist, so daß bei schlechter Bärführung die Führungsleisten auch nicht voll zur Geltung kommen können. Ferner sichern die parallelen Führungen nur in seitlicher Richtung, jedoch nicht in Längsrichtung, wie dies z. B. die Führungsringe tun. Man muß, um das lästige Nachsetzen der Gesenkblöcke und Verkeilen mit der Ramme, auch Boxer genannt, zu sparen, auch Führungsleisten für die Längsrichtung (Abb. 31) vorsehen, selbst dann, wenn der Hammer oder die Presse seitlich gut geführt ist. Die Leisten in Abb. 31 haben, um von Anfang an gut zu führen, senkrechte Flächen. Nur zur Einführung des Obergesenkes ist die Oberkante etwa auf $^1/_3$ Höhe abgeschrägt.

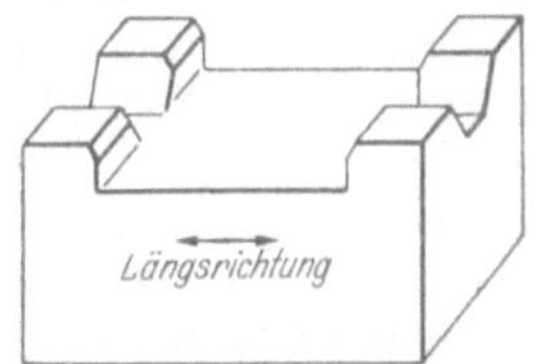

Abb. 31. Führungsleisten zur Sicherung gegen Längs- und Querverschiebung.

Übrigens erschweren die Führungsleisten das richtige Aufreißen und Ausarbeiten der Gesenkform, das Ausheben des Schmiedestückes, kurz, sie bedeuten eine Verteuerung. Man wendet sie daher nur an, wenn Bärführung und Gleitorgane es unbedingt nötig machen. Bei Oberteilen von Preßgesenken sieht man oft Zapfen zum Einlassen in den Stößel vor (Werkstattbuch Heft 58, Abb. 71/VII). Auch bei Schmiedemaschinengesenken sieht man an Stelle von Führungsstiften (Abb. 28) auch wohl Führungsleisten vor (Abb. 32).

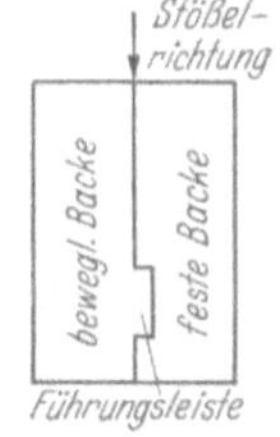

Abb. 32. Führungsleiste der Stoßflächen bei Schmiedemaschinengesenken.

Zur Frage, ob Führungsring bzw. -leiste in das Ober- oder Untergesenk eingearbeitet werden soll, ist zu sagen, daß man zweckmäßig das Obergesenk wählt. Obwohl das Untergesenk heißer wird und sich stärker ausdehnt als das Obergesenk, kann man die erhabene Seite der Führung doch ins Untergesenk legen, ohne ein Festklemmen befürchten zu müssen, da ein kleiner Spielraum immer gehalten werden muß. Bei dieser Anordnung kann man jedenfalls das Schmiedestück leichter entfernen, ohne besondere Aushebernuten vorzusehen.

12. Die Teilung der Gesenke ist bestimmend für die Schmiederichtung und Gratlinie. Man soll dabei die beste Schmiedemöglichkeit anstreben. Zu diesem Zweck muß man sich erst die Lage des Schmiedestückes im Gesenk vorstellen und dieses durch eine Fläche in zwei Teile getrennt denken, die dann das Ober- und Untergesenk bestimmen. Zu unterscheiden sind dabei gerade und gebrochene Teilfugen. Bei symmetrischen Stücken sind die Gesenkeinarbeitungen oben und unten gleich (Abb. 33).

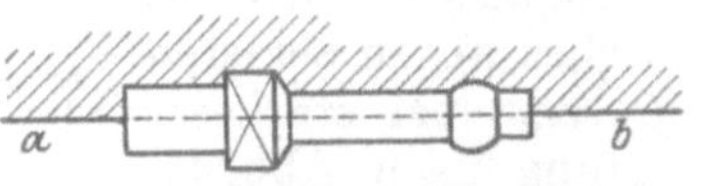

Abb. 33. Gesenkteilung für einen regelmäßigen Körper mit symmetrischem Querschnitt.

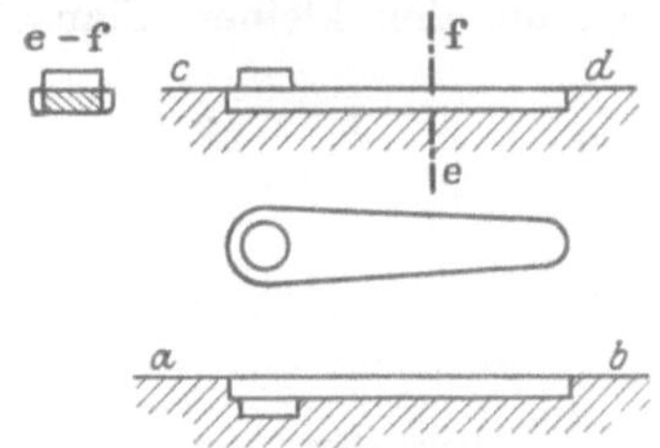

Abb. 34. Falsche Gesenkteilung für Teile mit einer Symmetrieachse.

Bei Körpern mit nur einer Symmetrieebene (Abb. 34) legt man die Teilebene anders. Man teilt weder nach *c—d* noch nach *a—b*. Das ergibt rissige Gratkanten beim Abgraten, also schlechte Schmiedestücke. Man wird die Teilung wie bei Abb. 35 nach *c—d* legen. Hier ist bereits diese Teilung durch die Abrundung des Quer-

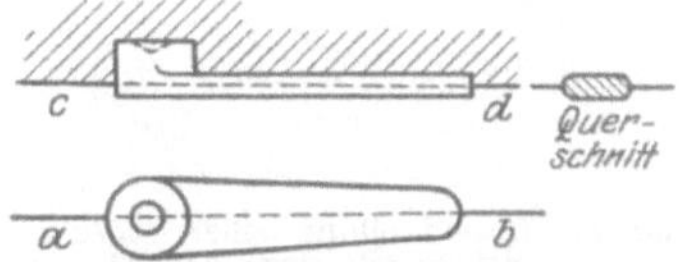

Abb. 35. Richtige Gesenkteilung für Teile mit einer Symmetrieachse.

schnittes bestimmt. Beim Hebel Abb. 36 kann man ebenso, wie bei Abb. 35, nach *a*—*b* oder *c*—*d* teilen; letzteres ist vorzuziehen, weil sich der Kopf dann im Gesenk gut ausdrehen läßt und das Auge scharf ausgeschmiedet wird. In manchen Fällen brauchen die Nabenflächen dann nicht bearbeitet zu werden.

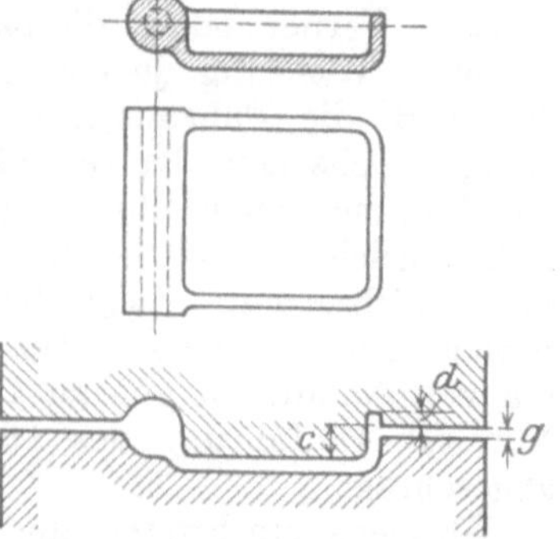

Abb. 37. Gesenkteilung einer Ölschale mit Vorsprung in Teilfuge.

Die Ölschale (Abb. 37) ist noch eben geteilt, doch ragt das Obergesenk mit dem Ansatz *c* ins Unterteil hinein. Der Rand *d* liegt im Obergesenk. Das Gesenk verlangt stärkeren Grat *g* zur besseren Ausprägung.

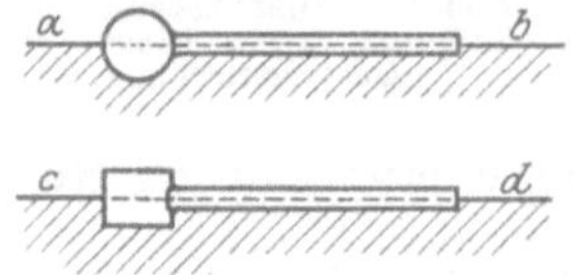

Abb. 36. Gesenkteilung um 90° versetzt.

Abb. 38 zeigt ein schwieriges Gesenkschmiedestück: Ausführung I ist vollgeschmiedet, sie erfordert großen Werkstoffbedarf und erhebliche Bearbeitungskosten. Ausführung II, hohlgeschmiedet, benötigt weniger Werkstoff und Bearbeitungskosten, aber durch die Unterschneidung entstehen noch zusätzliche Bearbeitungskosten. Ausführung III erfordert ein Schmieden in zwei Gesenken. Die im ersten Gesenk erzielte Form muß abgegratet und dann ins zweite Gesenk geschlagen werden, um den kleinen Flansch anzustauchen. Die Gesenkkosten sind höher, die Schmiedekosten doppelt, aber Werkstoff- und Bearbeitungskosten sind gering.

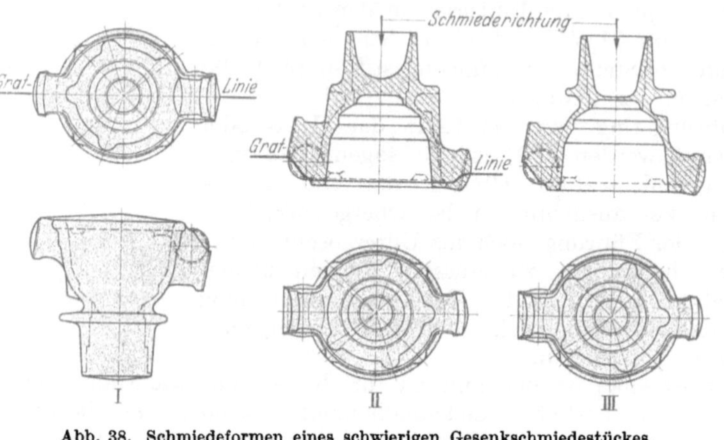

Abb. 38. Schmiedeformen eines schwierigen Gesenkschmiedestückes.

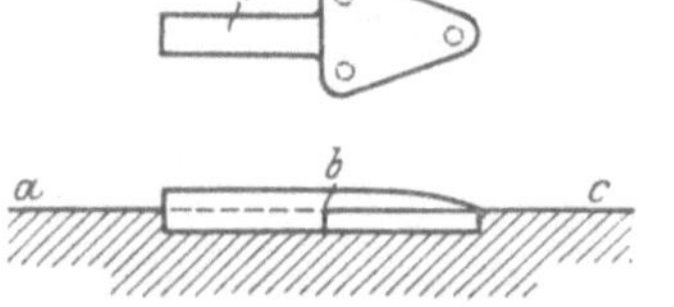

Abb. 39. Ungünstige Gesenkteilung einer Stütze.

Die Stütze nach Abb. 39 teilt man besser nach Abb. 40, also in Mitte des Flansches wegen besseren Abgratens, bei stärkerer Kröpfung nach Abb. 41.

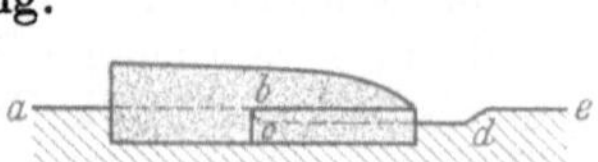

Abb. 40. Richtige Gesenkteilung mit gebrochener Teilfuge für Abb. 39.

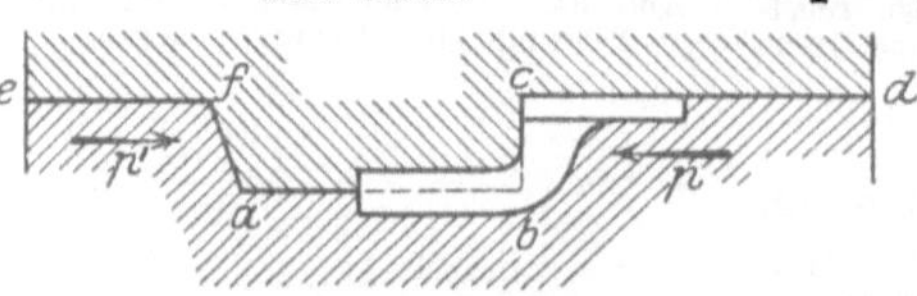

Abb. 41. Gesenkteilung einer stärker gekröpften Stütze mit Gegendruckfläche.

Man erhält eine Teilung in zwei parallelen Ebenen des Gesenkes und spricht von gebrochener Teilfuge. Würde man nun das Gesenk einfach nach den Ebenen *a*—*b* und *c*—*d* (Abb. 41) teilen, so würde der Fließdruck *p* im Untergesenk das Obergesenk zu verschieben suchen. Um dem vorzubeugen, schafft man eine Gegendruckfläche *a*—*f*. Die Kante *b*—*c* legt man wegen besseren Abgratens schräg und nicht rechtwinklig zu a—b (Abb. 158).

Man kann ein Gesenk auch in Winkelflächen an Stelle paralleler Ebenen teilen. Die Winkelplatte Abb. 42 mit ihren scharfen Kanten teilt man nicht nach Abb. 43 I, sondern nach II. Dadurch wird das Einlegen in den Abgratschnitt leichter. In manchen Fällen muß man erst eine Vorform des Schmiedestückes schaffen, damit man das Fertiggesenk einfach gestalten kann. So wird der Schuh Abb. 44 nach Abb. 45 vorgeformt und ins einfach geteilte Gesenk Abb. 46 geschlagen. Der Achsschenkel Abb. 47 kann nach I in gestreckter Form geschmiedet werden; der Arm wird nachträglich gebogen. Nachteilig ist der starke Kegel an beiden Seiten des Flansches. Die Gratlinie läuft geschwungen. Will man das Biegen des Armes sparen und den Flansch mit parallelen Flächen schmieden, was allerhand Ersparnis an Bearbeitungskosten bedeutet, so wendet man die Schmiederichtung um 90° und muß das Gesenk allerdings nach Abb. 47 II in mehrere Teilfugen aufteilen.

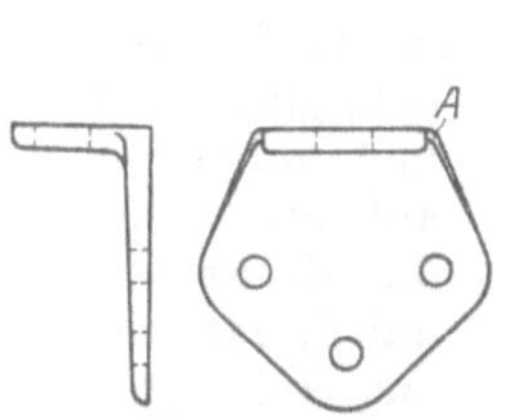

Abb. 42. Winkelplatte.

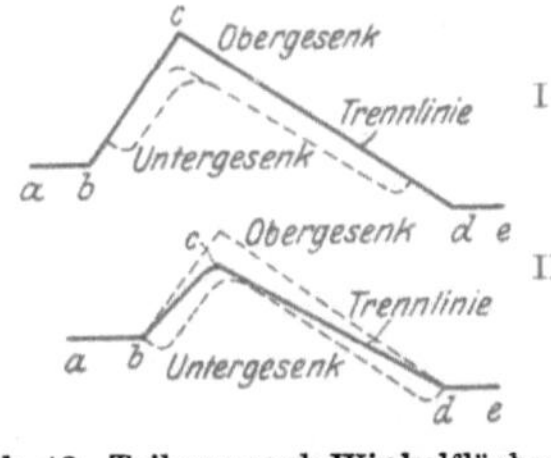

Abb. 43. Teilung nach Winkelflächen. I Trennlinie längs der Winkelkante. II „ durch die Wandstärke.

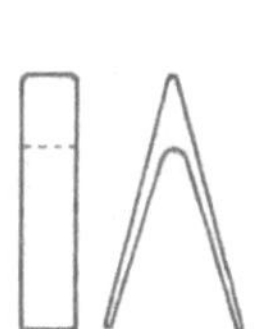
Abb. 44. Schuh.

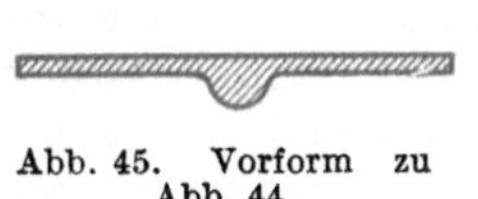
Abb. 45. Vorform zu Abb. 44.

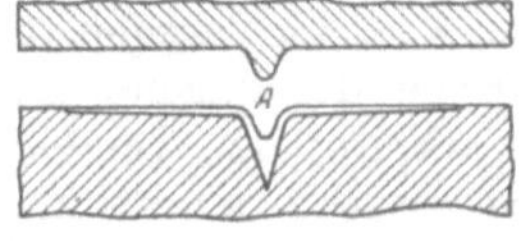

Abb. 46. Fertiggesenk zu Abb. 44.

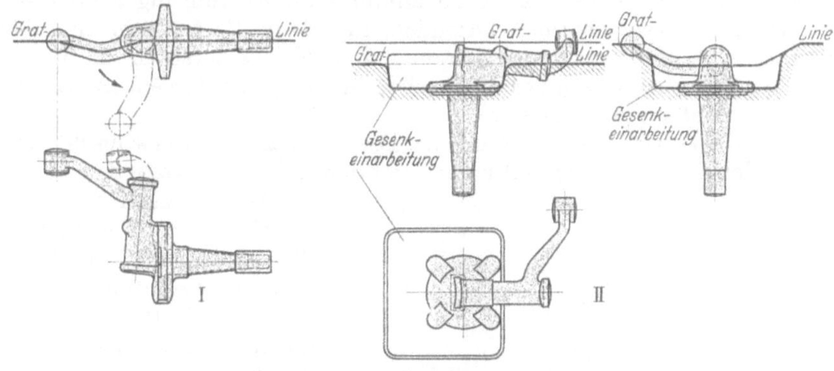

Abb. 47. Gesenkteilung eines Achsschenkels.

Zusammenfassend ist für die Gesenkteilung zu fordern:

1. Einfache Vorform des Stückes.
2. Einfache Schmiedeform.
3. Kurzer Verformungsweg für Preßteile.
4. Gute Steigemöglichkeit für Hammerteile.
5. Leichtes Herausnehmen.
6. Leichtes Abgraten.
7. Geringste Bearbeitung am Schmiedestück.
8. Werkstofferspamis.

13. Gratstärke und Gratfläche. Die Gratstärke hängt von Form und Größe des Schmiedestückes ab und beträgt etwa 0,5 ··· 14 mm. Beim Entwurf eines

Gesenkes muß die Gratstärke natürlich berücksichtigt werden. Je die halbe Dicke ist in das Ober- und das Untergesenk zu legen und demgemäß die Gesenkeinarbeitstiefe um dieses Maß zu verringern. Die Gratstärke stellt zugleich die geringstmögliche Wandstärke für Gesenkschmiedestücke dar. In Abb. 48 ist Ausführung a die einfachste Form, eine glatte Fläche. Die Gratstärke ist hier unbestimmt. Man muß so lange auf das Schmiedestück schlagen, bis das Stück voll ist. Erkaltet der Grat dabei, dann wird das Stück nicht voll ausgeschlagen, auch können die Gesenkkanten durch die harten Schläge auf den kalten Grat leiden. Wenn der Werkstoff der Gesenkform gut zugemessen ist, kommt man mit dieser einfachen Form zurecht, auch bei Maschinen, deren Hub genau begrenzt ist, wie Kurbelpressen.

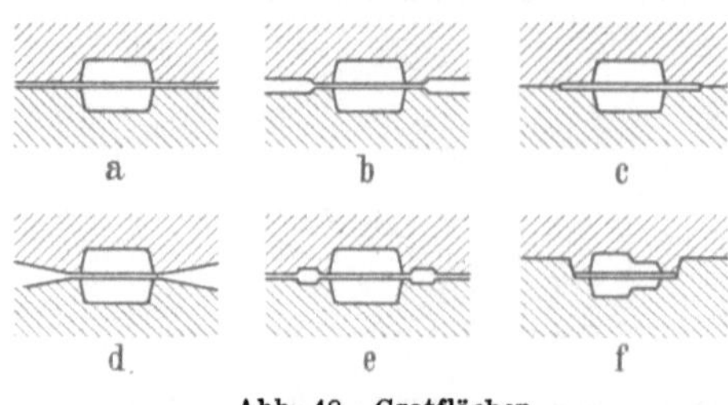

Abb. 48. Gratflächen.

Ausführung b stellt eine Gratfläche in bestimmter Breite dar. Im Gegensatz zu a ist hier wegen der gleichen Breite der Gratfläche auch der Fließwiderstand immer der gleiche, auch bei reichlichem Grat, weil die übrige Gesenkfläche freigearbeitet ist. Die Gratfläche ist hier etwa 20 ··· 30 mm breit. Auch hier ist die Gratstärke unbestimmt, das Schmiedestück kann also in den Maßen schwanken. Man ist von der Geschicklichkeit des Schmiedes abhängig.

Ausführung c beseitigt durch Stoßflächen diesen Übelstand. Es besteht nunmehr eine Gratfläche von bestimmter Breite und Stärke. Damit lassen sich genau maßhaltige Teile schmieden. Die Gratfläche muß breit genug sein, um ein Abfließen des Grates zu ermöglichen. Für kleinere und mittlere Gesenke wendet man diese Form vielfach an, für große nimmt man Ausführung a oder b.

Ausführung d verwendet man besonders für kleine flache Teile mit dünnem harten Grat, z. B. Solinger Schneidwaren. Der Fließwiderstand in der Fläche ist gering, braucht aber wegen der Flachteile, die in solchen Gesenken geschmiedet werden, auch nicht so groß zu sein.

Ausführung e bewirkt Gratstauungen. Das ist manchmal erwünscht, um den Werkstoff in der Form zurückzuhalten und vor dem seitlichen Abfließen zu hindern.

Ausführung f zeigt die freie Gratfläche bei Führungsleisten, die gleichzeitig die Gratbahn seitlich begrenzen.

In Abb. 49 ist die Gratfläche entsprechend Abb. 48e durch eine Stauriefe unterbrochen, damit der Werkstoff nicht zu schnell seitlich wegfließt, sondern in die Höhe getrieben wird. Bisweilen legt man auch mehrere Stauriefen nebeneinander.

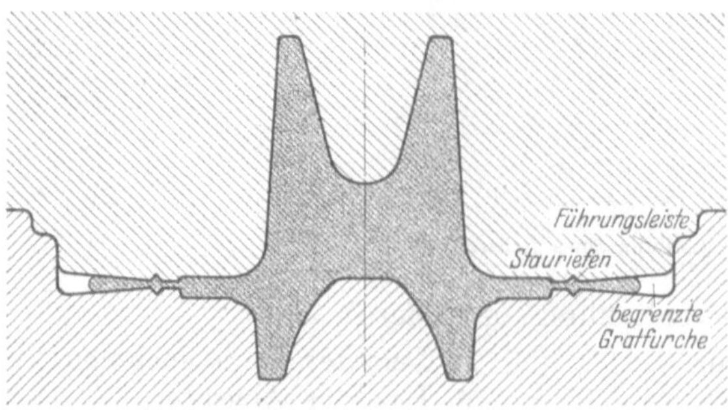

Abb. 49. Gesenk einer Radnabe mit Stauriefe, begrenzter schräger Gratfurche und Führungsleiste.

Bei scharfem Richtungswechsel des Schmiedestückes ist es besonders nötig, für gute Führung und Abfluß des Grates zu sorgen, zumal bei Vorformgesenken. Man bildet die Vorform entsprechend aus und bringt größere Vertiefungen in solchen Ecken an, in die der Grat hineinschießen kann. Abb. 50 zeigt deutlich im Vorformgesenk ganz rechts die Gratabflußvertiefungen. Bringt man sie nicht an, so entstehen an diesen Stellen unweigerlich Schmiedefalten.

Abb. 50. Vor- und Fertiggesenk einer Hebelwelle.

14. Die Seitenschräge der Gesenkwände in der Schlagrichtung ist notwendig, damit der Werkstoff leicht in die Form fließen und das Schmiedestück leicht herausgehoben werden kann. Üblich sind folgende Seitenschrägen (vgl. Abb. 51):

Außenflächen des Schmiedestückes . . . . 1 : 10 und 1 : 12,5, $\alpha =$ 6° und $4^1/_2$°
Innenflächen des Schmiedestückes . . . . 1 : 5 „ 1 : 7,5, $\alpha =$ 11° und $7^1/_2$°
Rundform (niedrige) des Schmiedestückes . 1 : 15 „ 1 : 20 , $\alpha =$ 4° und 3°

Die Amerikaner geben folgende Verhältnisse an:

Außenflächen, schwach geneigt, wenn rund und niedrig . . . . . $\alpha = 3°$
„ gewöhnlich . . . . $\alpha = 7°$
Innenflächen . . . . $\alpha = 7° \ldots 10°$
Seitenschräge für Schmiedemaschinen: Außenflächen . . . . . . $\alpha = 3°$
Vertiefungen . . . . $\alpha = 5°$

Runde Innenflächen (Löcher) erhalten größere Neigung als die Außenflächen, damit sich das Schmiedestück nicht aufschrumpfen und am Werkzeug festklemmen kann. Schmiedestücke, die mit Auswerfer aus dem Gesenk gehoben werden, dürfen geringere Seitenneigung haben. Schmale hohe Rippen bei I-Querschnitten oder Nocken erhalten größere Seitenneigung; es leuchtet ein, daß dünne Rippen schneller abkühlen und daher für das leichtere Fließen des Werkstoffes stärkere Neigung haben müssen. Die Seitenneigung macht man im allgemeinen in beiden Gesenkhälften gleichmäßig groß, obwohl es auch bisweilen vorkommt, daß bei Hammerarbeiten das Obergesenk eine stärkere Neigung erhält, als das Untergesenk, einmal um das „Steigen" zu fördern, außerdem damit das Schmiedestück nach dem Schlag in der unteren Gesenkhälfte liegen bleibt und nicht hochgerissen wird. Falls die Seitenschräge in den Konstruktionszeichnungen nicht berücksichtigt ist, wird sie in den Schmiedezeichnungen üblicherweise als „zusätzliches" Maß betrachtet. Man hüte sich vor zu kleiner, aber auch vor zu großer Seitenschräge. Jeder Grad mehr bedeutet mehr Werkstoff und gegebenenfalls Bearbeitungskosten.

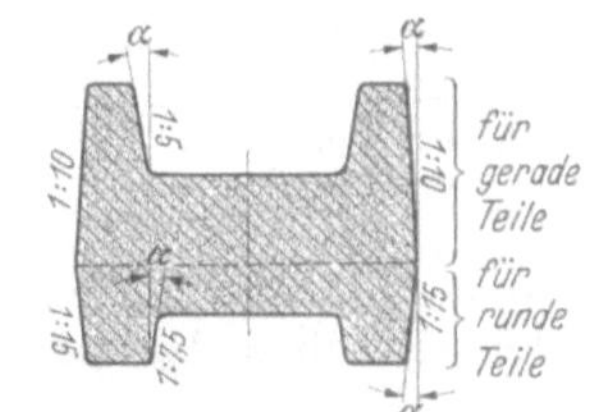

Abb. 51. Seitenschräge.

15. Abrundungen der Gesenkkanten bei Richtungswechsel und Querschnittsübergängen. Der Übergang von einer Richtung zur anderen bzw. von einem Querschnitt zum anderen bedingt im Gesenkbau große Hohlkehlen, um Schmiedefehler (Stiche, Falten, Überlappungen, Überlegungen) zu vermeiden. Bisweilen ist zu diesem Zweck ein Vor- und Fertigschmieden nötig, damit der Werkstoff richtig fließt (Abb. 50). Grundsätzlich sollte man schon in der Konstruktion scharfe Übergänge vermeiden. Im Gesenk sind scharfe Kanten und Ecken stets nachteilig. Erstens erfordern sie wegen des schweren Fließens große Kraft zum Vollausschmieden und zweitens verschleißen sie das Gesenk stark und reißen es auf.

Scharfe Gesenkränder stauchen sich auch bisweilen oder quellen auf, besonders bei weicheren Gesenken. Darauf muß man beim Schmieden achten und sofort mit Punzeisen, mit Feile und Schleifscheibe nacharbeiten. Das kann ohne Abspannen der Gesenke in der Maschine gemacht werden (auf gesicherte Lage des Hammerbären achten!). Gute Abrundungen der Schmiedestückkanten gestatten geringe Seitenschrägen. Sie betragen je nach Größe 2 ··· 8 mm. Weiterhin ist noch zu berücksichtigen daß scharfe Gesenkkanten an der Gratstelle oft zu Schmiedefehlern Anlaß geben. Sie erzeugen Stauungen und damit leicht Schmiedefalten.

16. Unterschneidung der Gesenkform. Die Schmiedeform kann sich, von der Teillinie aus gesehen, nicht verbreitern, sondern grundsätzlich nur verjüngen. Unterschnittene Formen lassen sich also mit den üblichen Schmiedeverfahren und Gesenken nicht herstellen. Trotzdem wählt man bisweilen schwierigere Herstellungsarten und Gesenke mit mehreren Arbeitsstufen, um Werkstoff und Bearbeitungskosten zu sparen (Abb. 38). In Schmiedemaschinen lassen sich wegen der Querbewegung des Gesenkes ohne weiteres unterschnittene Formen herstellen.

17. Rippenbildung im Gesenk. Regel: Alle Rippen von größeren Abmessungen, die nicht flach zur Schlagrichtung liegen, sollen vorgearbeitet werden, möglichst so, daß sie etwas dünner, aber höher sind als ihre endgültigen Abmessungen, so daß sie im Fertiggesenk gestaucht werden. Zwei Beispiele mögen das zeigen.

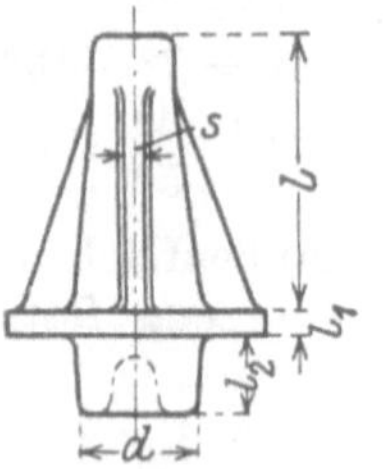

Abb. 52. Radnabe für Lafettenrad.

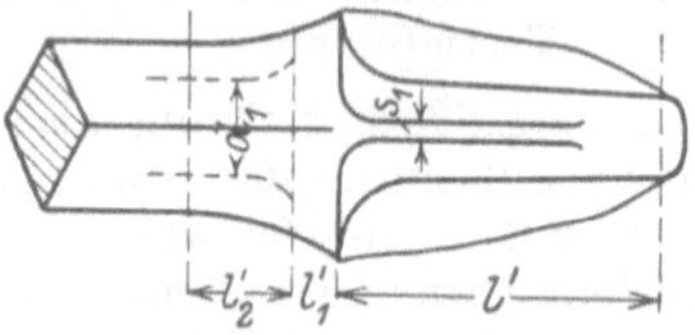

Abb. 53. Vorform der Radnabe.

a) Radnabe für Lafettenräder (Abb. 52 ··· 56). Der vierkantige Werkstoff wird in einem Gesenk vorgeschlagen. Dabei ist $l' > l$, $l_1' > l_1$, $l_2' > l_2$, dagegen $d_1 < d$ und $s_1 < s$, während die Rippenhöhe größer ist als die endgültige. Die Aussparungen 1 und 2 dienen zur Aufnahme der in den seitlichen Aussparungen 3 und 4 geschlagenen Rippen. Man dreht das Stück jedesmal um 90° im Gesenk, damit die gegenüberliegenden Rippen immer einmal in 1 und 2 und dann in 3 und 4 kommen, so lange, bis die gewünschte Vorform erreicht ist. Darauf wird der Durchmesser d vorgeschmiedet. Man kann den Werkstoff auch an beiden Enden auf die obige Weise vorarbeiten, dann d ausschmieden und trennen, so daß man zwei Teile erhält. Wenn die Nabe gut vorgeschmiedet ist, kann sie im Gesenk auf der Spindelpresse fertiggeschlagen werden (Abb. 55). Dies Gesenk muß mit einem Auswerfer w versehen sein.

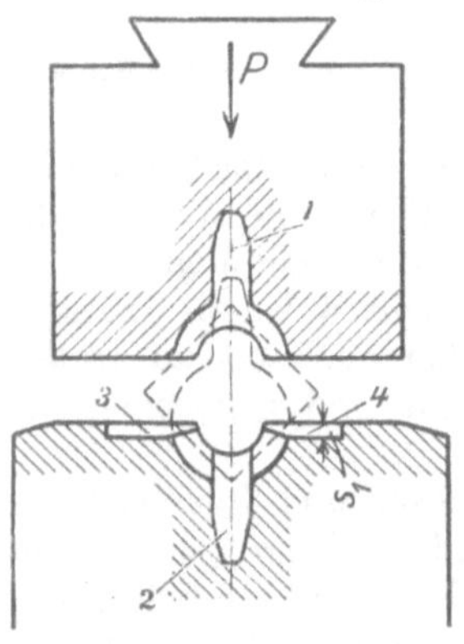

Abb. 54. Vorgesenk der Radnabe.

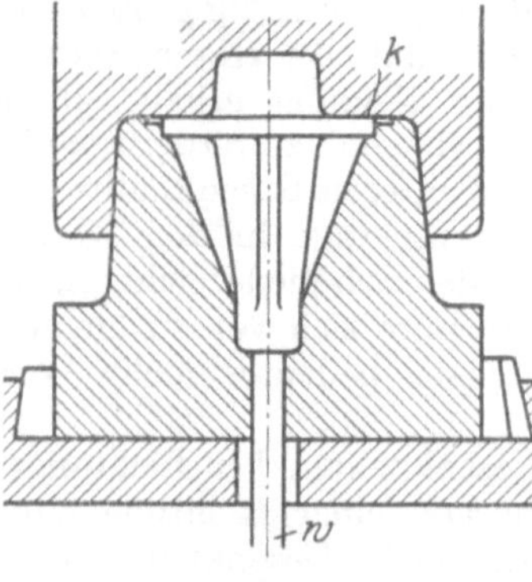

Abb. 55. Fertiggesenk der Radnabe für Presse. k Flanschenkante mit Grat, w Auswerfer.

Wird unter dem Hammer geschmiedet, so ist ein weniger gutes Vorschmieden ausreichend (Abb. 56). Man legt dabei wohl den langen Teil der Nabe mit den Rippen ins Obergesenk, weil hier der Werkstoff besser fließt; das hat aber auch zwei Nachteile: einmal wird das Werkstück dabei im Obergesenk leicht verdrückt, zweitens bleibt es beim Hochgehen des Bärs leicht im Obergesenk sitzen. Die Rippen sind daher nach beiden Richtungen um 5 ⋯ 7° zu verjüngen. Es ist mit großer Vorsicht zu schlagen. Im Gesenkunterteil ist eine Kerbe zu machen, auf die man die Rippe genau einstellt oder besser noch eine kleine Vertiefung in einer waagerechten Fläche, so daß auf dem Werkstück nach dem ersten Schlage eine kleine Erhöhung entsteht, mit der man das Werkstück immer wieder in die genaue Lage bringen kann.

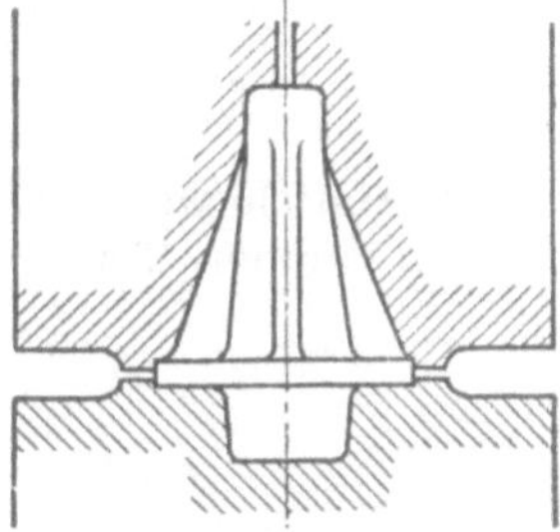

Abb. 56. Fertiggesenk der Radnabe für Hammer.

Bei der Herstellung nach Abb. 52 u. 53 ist das Werkstück ziemlich genau vorgeschmiedet, und es kann sich daher nur ein dünner Grat bilden, der mit der Kante k des Flansches (Abb. 55) zusammenfällt. Dieser dünne Grat läßt sich mit einem Abgratwerkzeug leicht entfernen. Beim Hammerschmieden im Gesenk wird man weniger genau vorschmieden und einen stärkeren Grat erhalten. Man teilt die Form dann so, daß der Grat nicht an der Flanschkante entsteht (Abb. 56).

b) Rippenhebel (Abb. 57 u. 58). Nachdem das Werkstück passend vorgeschmiedet ist, wird es mit den Rippen nach oben geschlagen. Dabei macht man zweckmäßig die Abschrägung des Gesenkteiles, der sich aus dem Werkstück herausheben soll, größer als die Abschrägung des Teiles, der im Untergesenk verbleiben soll, $\alpha' > \alpha$ (Abb. 58).

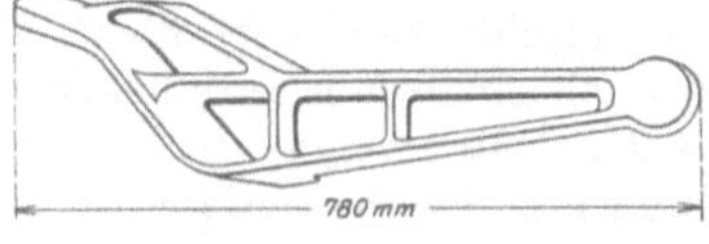

Abb. 57. Rippenhebel.

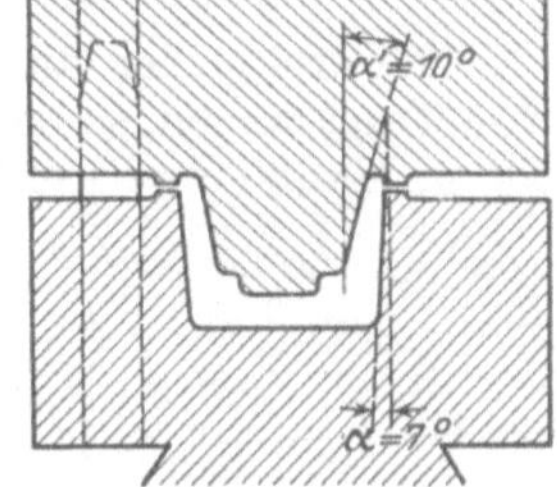

Abb. 58. Gesenk für Rippenhebel.

Die Größe dieser Winkel hängt von der Höhe der Rippe ab: Je höher die Rippe, desto größer der Abschrägungswinkel. Das vorgeschmiedete Stück muß natürlich in den Hohlraum des Gesenkes eingelegt werden können. Es wird um 15 % schwerer gemacht als das fertige Werkstück. Unter den Grat schiebt man das meißelartige Knippeisen (Abb. 59), um das Werkstück aus dem Gesenk zu heben. Für Hohlkörper hat man auch sog. Lochzangen, die am Maul auseinander gehen, wenn man die Griffe zusammendrückt (Abb. 60). Schlimmstenfalls muß man im Untersatz und Untergesenk Ausstoßvorrichtungen anbringen.

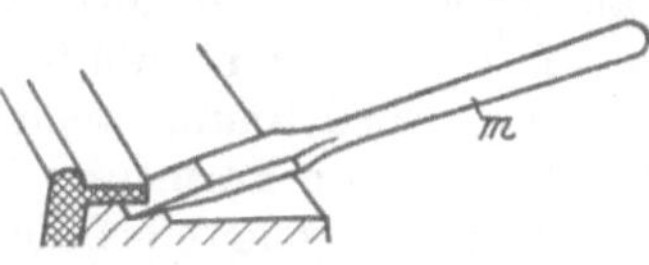

Abb. 59. Knippeisen. m Griff.

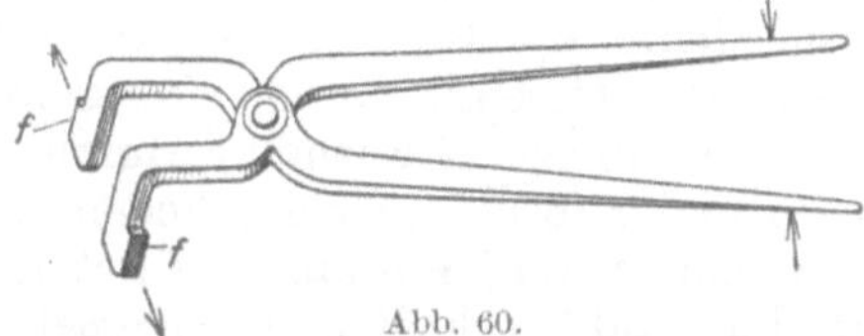

Abb. 60. Lochzange (negative Zange). f gerauhte Flächen.

D. Einzelheiten im Gesenkbau.

18. Luftlöcher (Abb. 56 oben) zum Abführen der verdrängten Luft sind bei tiefen Gesenken erforderlich, um scharfe Ausschmiedung zu erhalten, denn sonst füllt die Luft, wenn auch stark zusammengepreßt, einen Teil des Raumes aus. Damit sich die Löcher nicht mit Zunder verstopfen, macht man sie für

Gesenkblöcke bis 150 □ = 5 mm ⌀
„ „ 250 □ = 8 mm ⌀
„ über 250 □ = 10 mm ⌀

19. Haltelöcher bzw. -körner werden in der Gratfläche angebracht und sind bei flachen dünnen Teilen erforderlich (Abb. 61). Solche Teile lassen sich schlecht einlegen, und damit sie beim Abgraten die richtige Stellung bekommen, bohrt man in die Gratfläche zwei Körner *g*, die sich im Grat mit ausbilden. Auf der Schnittplatte des Abgratwerkzeuges sind dann Haltelöcher für diese Körner vorgesehen.

Abb. 61. Haltelöcher und -körner. *g* Körner.

20. Aushebernuten und Auswerfer dienen zur Entnahme von Schmiedestücken aus dem Gesenk. Das Handknippeisen wurde schon genannt (Abb. 59). Bei Hämmern bringt man auch Ausstoßer im Gesenk an, die von Hand betätigt werden (Abb. 156). Die mechanischen Auswerfer an Pressen sind Stempel mit Antrieb von der Presse selbst.

21. Greiflöcher an den Stirnseiten der Gesenke dienen zum Hineinstecken von Tragstangen, so daß man die Blöcke von Hand oder mit Flaschenzug bedienen kann. Größe der Greiflöcher 25 ⋯ 30 mm (Abb. 29).

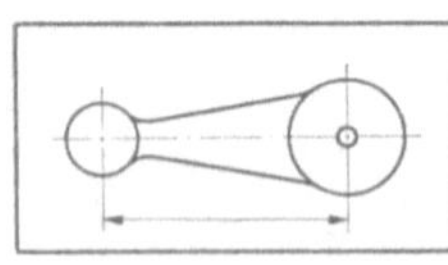

Abb. 62. Bohrkörner in Naben.

22. Bohrkörner in Naben (Abb. 62) erleichtern später das Bohren der Naben. Es empfiehlt sich aber nicht, in die zweite Nabe eines Körpers auch einen Körner zu setzen, weil das Maß von Mitte bis Mitte Nabe wegen der Längsschrumpfung nicht genau genug ist. Bei besonders langen Stücken führt man die zweite Nabe oval anstatt rund aus, um den Schrumpfungsverhältnissen gerecht zu werden.

E. Gesenkmaße.

23. Schwindmaß. Das Gesenk ist eine Hohlform, die in allen ihren Teilen der Form des Werkstückes im hocherhitzten Zustande entsprechen soll. Aus diesem Grunde ist sie etwas größer als das kalte Werkstück auszuführen, denn Wärme dehnt die Körper aus. Diese Schrumpfung des Stückes wird bei Herstellung der Gesenke durch das Schwindmaß ausgeglichen, aber das Gesenk dehnt sich infolge Erwärmung durch den glühenden Werkstoff ebenfalls etwas aus, so daß außer dem eigentlichen Schwindmaß diese Ausdehnung auch noch berücksichtigt werden muß. Das Schwindmaß ist abhängig von Form und Werkstoff: Für Stahl rechnet man allgemein bei schmiedewarm abgelegten Teilen mit 1,2 bis 1,5%, bei rotwarm abgegrateten und nachgeschlagenen sowie bei besonders dünnen Teilen wegen der schnellen Abkühlung mit 0,75 bis 1,2%. Bei längeren und besonders geformten Stücken muß man je nach den Querschnittverhältnissen teilweise bis 2% gehen. Von den sonstigen Werkstoffen verlangen 12proz. Manganhartstahl und Monelmetall 2% Schwindmaß, Aluminium 1,5 bis 1,7%, Elektron 1,2 bis 1,6%.

24. Maßhaltigkeit der Gesenkschmiedestücke. Der Schmiedeausschuß des VDI hat die Maßabweichungen von Gesenkschmiedestücken festgelegt[1]. Kurz darauf

[1] Veröffentlichung siehe in der Sammelmappe: Werkstattgerechtes Konstruieren, Teil I Freiformschmieden, Teil II Gesenkschmieden. Berlin: VDI-Verlag. Ferner Richtlinien für

hat dies auch der amerikanische Gesenkschmiedeverband getan[1]. Wir unterscheiden im allgemeinen handelsübliche und genaue Schmiedestücke. Die Maßabweichungen der genauen Schmiedestücke betragen die Hälfte der handelsüblichen. Ferner werden Normal- und Sondertoleranzen unterschieden. Die Normaltoleranzen geben für Stärken- und Breitenmaßabweichung als kleinstes Maß bei handelsüblichen Stücken $\pm 0,5$ mm, bei genauen $\pm 0,25$ mm an. Längenmaßabweichungen sind zulässig bis $\pm 3\%$ bei handelsüblichen, $\pm 1^1/_2\%$ bei genauen Stücken. Ferner sind Maßabweichungen festgelegt für das Richten, Entgraten, Versetzen und für Gewichte, außerdem für die Seitenschrägen, Bearbeitungszugaben und Abrundungen.

II. Einfluß der Schmiedeverfahren auf die Gestaltung der Gesenke.

A. Vor- und Fertigschmieden.

25. Gesenkschmieden ohne Vorformen. Man begann das Gesenkschmieden, indem man den Rohstoff, gemessen nach dem größten Querschnitt des Schmiedestückes, mit der erforderlichen Zugabe in das Gesenk schlug. Das verursachte große Gratbildung. Unter Umständen mußte man mehrmals abgraten und nachschlagen, um die Form voll zu bekommen. Großer Werkstoffverlust war die Folge. Man kam deshalb dort, wo das Recken, wie im Märkischen Sauerlande, seit Jahrhunderten bodenständig war, dazu, das Stück erst unter dem glatten Recksattel frei vorzuformen, so daß die vorgeschmiedete Gestalt etwa den groben Umrissen des Schmiedekörpers entsprach, d. h. man ging über zur Arbeitsteilung: Vorformen — Fertigschmieden — Nacharbeit (Abgraten).

26. Freies Vorformen. Richtiges Vorformen ist oft wichtiger als das Fertigschmieden. Teilweise nimmt das Vorformen drei Viertel der gesamten Schmiedearbeit in Anspruch. Das Recken ist als Freiformschmieden an die Kunstfertigkeit des Schmiedes gebunden. Der Schmied führt entweder seine Reck- und Gesenkschmiedearbeit unmittelbar nacheinander aus, oder die Werkstücke werden zunächst nur gereckt; dabei entscheidet die Wirtschaftlichkeit. Durch Recken auf gewöhnlichen Reck- und Breitsätteln (Abb. 63 u. 64) mit glatten, mehr oder weniger breiten Bahnen wird jedoch keine genügende Gleichmäßigkeit der Vorform erzielt. Auch Schmiedefehler können durch unsachgemäßes Vorrecken an den Querschnittsübergängen entstehen.

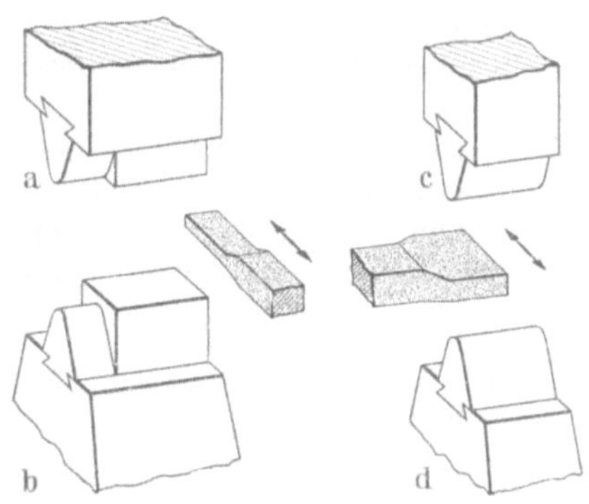

Abb. 63. Gewöhnlicher Recksattel (*a*—*b*) und Breitesattel (*c*—*d*: Werkstück um 90° verdreht gegenüber Recken).

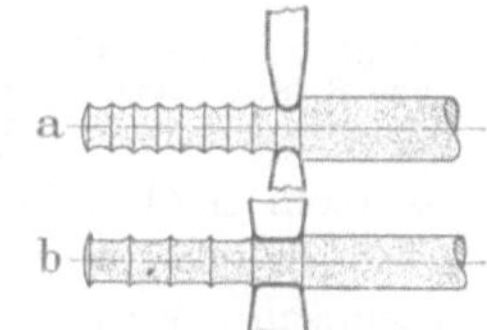

Abb. 64. Schlagwirkung des Recksattels: *a* schmaler, schnell wirkender Sattel; *b* breiter Sattel, glättender Schlag.

Herstellung und Lieferung von Gesenkschmiedestücken aus Stahl, ebenfalls vom Schmiedeausschuß des VDI aufgestellt, veröffentlicht von der Wirtschaftsgruppe Werkstoffverfeinerung und verwandte Eisenindustriezweige (Fachgruppe Schmiede-, Preß- und Stanzteile-Industrie), Hagen/Westf.

[1] Heat Treat. Forg., Februar 1937.

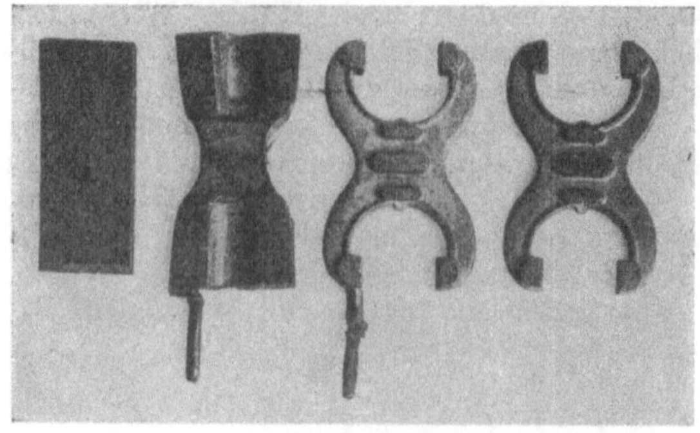

Abb. 65. Schmieden einer Grenzrachenlehre.

Beispiele. a) **Schmieden von Grenzrachenlehren** (Abb. 65 u. 66) aus einem Stück Flachstahl, das unter einem Luft- oder Federhammer vorgeschmiedet, ins Gesenk geschlagen und abgegratet wird. Anstatt das Zangenende anzuschmieden, ist es in der Solinger Gegend üblich, beim Herstellen von Werkzeugen und Geräten aus Flachstahl das sog. Spaltverfahren anzuwenden (Abb. 113).

Abb. 66. Gesenk und Schnitt zu Abb. 65.

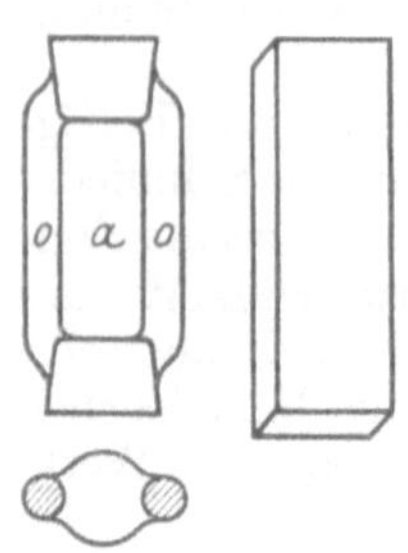

Abb. 67. Spannschloß und Rohstab dazu.

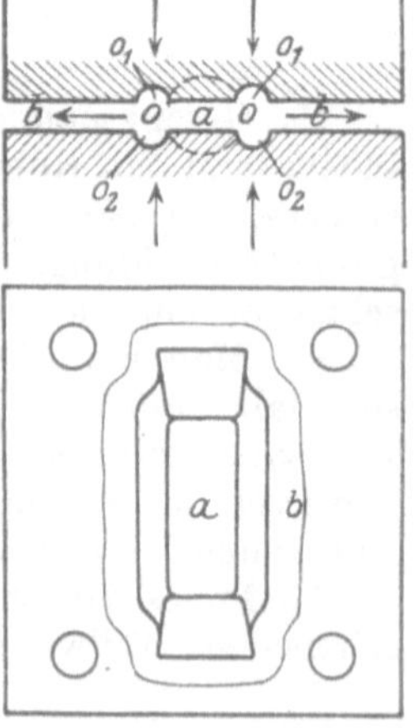

Abb. 68. Gesenk für Spannschloß (Abb. 67).

b) Das Spannschloß Abb. 67 könnte man unmittelbar aus dem Rohstab schmieden, aber dabei müßte der Stoffüberschuß von *a* über *o* nach *b* (Abb. 68) ausweichen. Das ergibt keinen gesunden Werkstofffluß. Deshalb muß man nach Abb. 69 vorschmieden.

27. Vorformen im Werkzeug. Um bei schwierigeren Formen gut ausgeschlagene Stücke bei geringerem Gesenkverschleiß zu erhalten, kann man, dem Gedanken des letzten Beispiels folgend, noch einen Schritt weiter gehen. Man formt das Werkstück in Profilsätteln nach Abb. 70 mit wenigen Schlägen vor und erhält sicher die gewünschte Vorform, oder man stanzt vor wie in Abb. 71 u. 72 oder spaltet (Abschn. 36).

Abb. 72 stellt ein aus breitem Flachstahl ausgestanztes Stück dar,

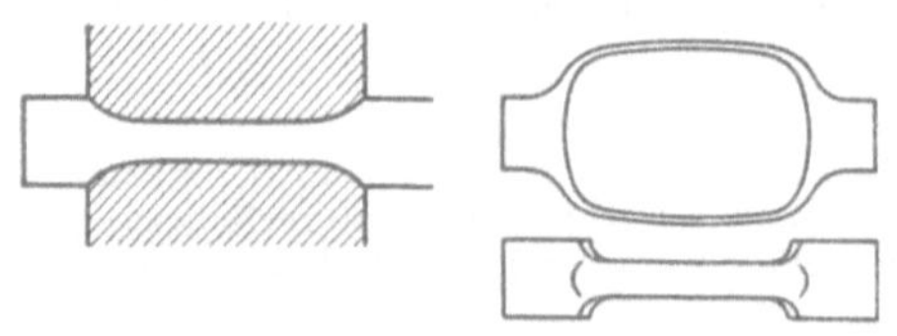

Abb. 69. Vorform für Spannschloß (Abb. 67).

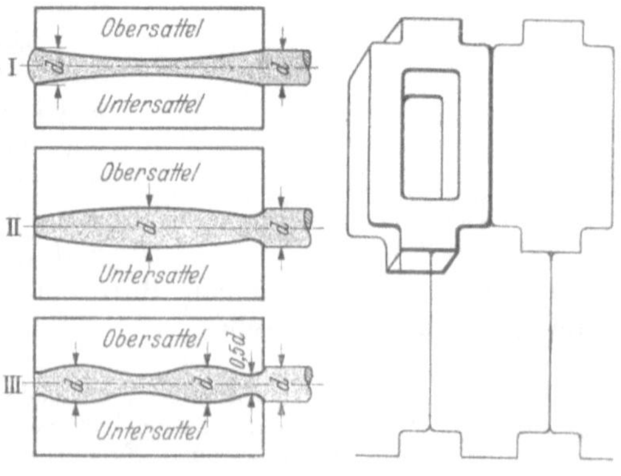

Abb. 70. Profilrecksättel zum Vorschmieden von der Stange.

Abb. 71. Stanzvorform für Metallspannschlösser.

das zur Herstellung einer sechszinkigen Gabel, wie man sie als Koks-, Düngeroder Rübengabel kennt, benutzt wird. Die Teile *1 ⋯ 6* am Stanzstück Abb. 72 sind die sechs Zinken, die unter schnellschlagenden Hämmern in Rollgesenken ausgereckt und zurechtgebogen werden; die Tülle *T* schmiedet man aus und rollt sie, danach drückt man die Gabel in ein Biegegesenk, um ihr die erforderliche geschwungene Form zu geben. Zum Schluß wird gehärtet.

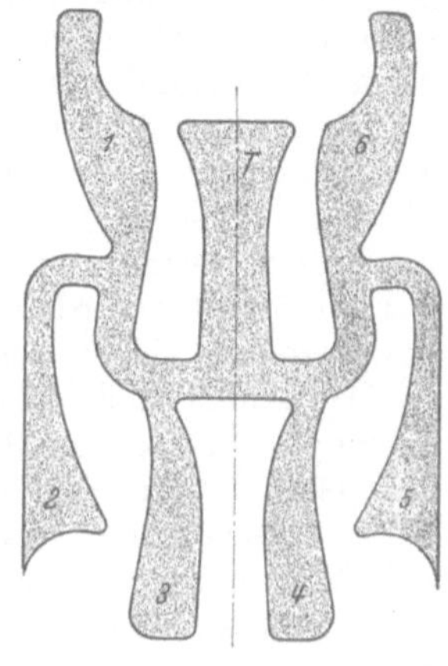

Abb. 72. Stanzstück zum Schmieden einer Rübengabel.

Beim Vorformen im Gesenk ist die Beachtung der Querschnittsverhältnisse des Werkstückes und der Vorform wichtig. Läßt man ein Werkstück durch ein oder zwei Vorgesenke gehen, so muß der Querschnitt der Vorform für das nächstliegende Gesenk eine gewisse Stauchhöhe bieten, d. h. er muß etwas höher und schmaler sein als der des folgenden bzw. der Fertigform, andernfalls bildet nur die vorangegangene Grathöhe die Stauchhöhe zum Ausfüllen der Form. Diese Grathöhe genügt dazu aber in den meisten Fällen nicht. Man gibt deshalb der Vorform für einen runden Querschnitt ovale Form, für einen quadratischen Querschnitt eine hochkantige Form usw., ganz unabhängig davon, aus welchem Urprofil des Rohstoffes geschmiedet wird. Bei einfachen Profilen und kleinen Querschnitten genügt es, bei der Vorform die Breite (in der waagerechten Achse) etwa 1 mm

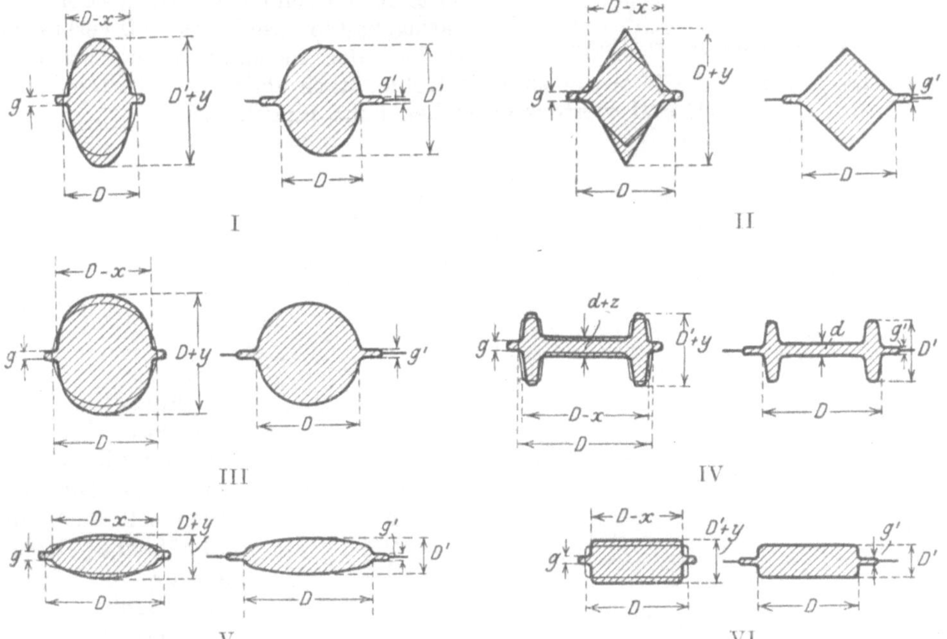

Abb. 73. Querschnitte für Vor- und Fertigschmieden der Hauptschmiedeformen.

schmaler und die Höhe (in der senkrechten Achse) etwa 2 mm + Gratstärke größer zu wählen, als für die Fertigform verlangt ist. In Abb. 73 I ⋯ VI sind die stark ausgezogenen Formen rechts und die dünn ausgezogenen links die Fertigformen, die stark ausgezogenen links die Vorformen. Dabei ist $x \approx 1$ mm, $y \approx 2$ mm und $g' < g$ zu wählen. Bei größeren Querschnitten kann $x = 1{,}5 \cdots 2$ mm, $y = 4 \cdots 5$ mm angenommen werden. Dem Flächeninhalt nach soll der Querschnitt der Vorform ein wenig, etwa 8%, größer sein als der der Fertigform, womit dann Grat, Zunder und Abbrand berücksichtigt sind.

Die Fertigform soll möglichst in einem Schlage hergestellt werden, um das Fertiggesenk zu schonen; dieses erhält zweckmäßig Stoßflächen, damit die Gratdicke g' entstehen kann, ohne daß das Werkstück in der senkrechten Profilachse um diesen Betrag stärker wird, wie dies beim Vorformen geschieht. Das Fließen des Werkstoffes wird jedenfalls durch dieses Verfahren erleichtert und die Form des Gesenkes sicher ausgefüllt.

Das Kunststück, in einer Hitze alles fertig zu schmieden, soll die Ware billig machen. Die richtige Regel aber heißt: soweit wie möglich vorschmieden und dem Gesenk nur die letzte Form überlassen. Anders ist es bei Teilen, die man nicht vorschmieden kann und unmittelbar ins Gesenk hineinschlagen muß, z. B. Wagenräder. Hierbei handelt es sich aber überhaupt nur um ein Vorschmieden, bei dem man auch dem gegossenen Stahlblock schon die angenäherten Formen geben kann. Das geschmiedete und abgegratete Rad erhält dann noch in einem Walzprozeß die letzte Form.

Bei neuzeitlichen Ofenanlagen und bei richtiger Organisation und Unterteilung der Arbeit wird in zwei Hitzen durchaus nicht mehr Brennstoff verbraucht als in einer, denn erstens muß während des verlängerten Schmiedeprozesses der Ofen warmgehalten, also Brennstoff verbrannt werden, der niemand nützt; zweitens werden die Gesenke, die ja teurer sind als Kohle, stark abgenutzt; drittens wird die Ware unansehnlich und viertens entstehen hohe Kraftkosten.

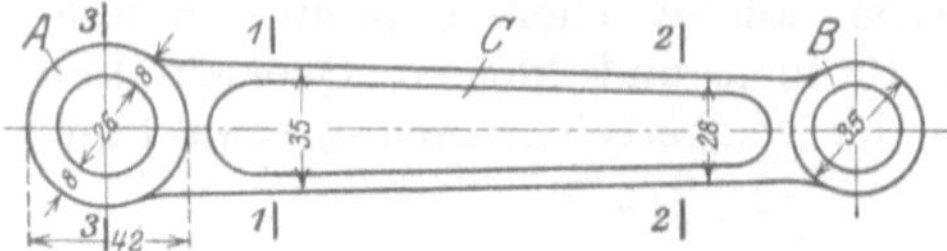

Abb. 74. Pleuelstange für einen Motor.

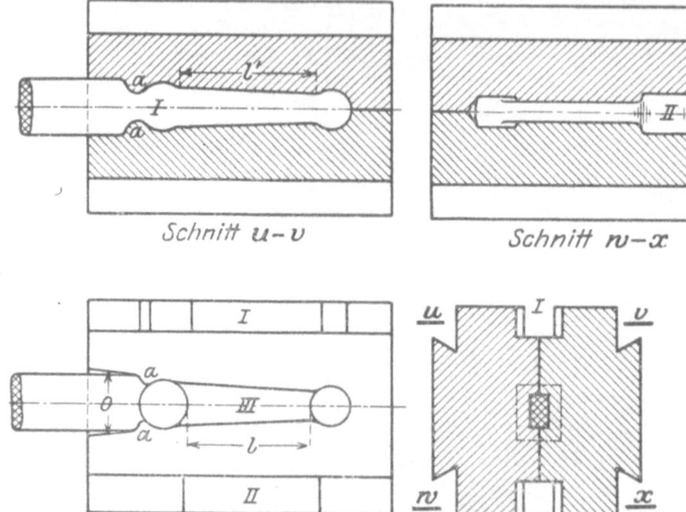

Abb. 75. Gesenk der Pleuelstange (3fach).

Beispiele.

a) Schmieden einer Hebelwelle (Abb. 50). Die Vorform soll auch die allmähliche Überleitung von einem Querschnitt zum anderen, von einer Richtung zur anderen herbeiführen. Das Vorgesenk der Hebelwelle zeigt deutlich zwischen den beiden Armen die starke Abrundung, während das Fertiggesenk die scharf abgewinkelten Arme erkennen läßt.

b) Schmieden einer Pleuelstange (Abb. 74). Die erste Vorschmiedeform sind zwei einfache Gesenkbacken Abb. 75 I, die den Rohstoffquerschnitt durch ein oder zwei Schläge in der Stangenlänge vermindern. Die zweite sind ebenfalls zwei einfache Backen Abb. 75 II, die meist durch einen Schlag den Köpfen die angenäherte Dicke geben. Beide Vorschmiedegesenke werden gewöhnlich mit einer Vorform oder Fertigform zusammen in einem Gesenkkörper untergebracht (Abb. 75 u. 76). In jedem Fall geht das Werkstück nach den Schlägen in den Vorschmiedeformen I und II sofort in die Vorform III und Fertigform IV. Dabei kann die Fertigform IV auch noch mit I, II und III zusammen in einem Gesenkblock hergestellt sein (Abb. 76) oder gesondert für sich (Abb. 77). Diese letzte Anordnung ist vorzuziehen, weil das Vorgesenk sich schneller ausarbeitet als das Fertiggesenk. Auch kann man das Fertiggesenk auf einen anderen, leichteren Fallhammer geben, mit Stoßfläche versehen und dann das Werkstück nach dem ersten Abgraten noch einmal vorwärmen. In einem Gesenk wie Abb. 75 III allein fertig schlagen zu wollen, wäre höchstens bei kleinen Stückzahlen vertretbar.

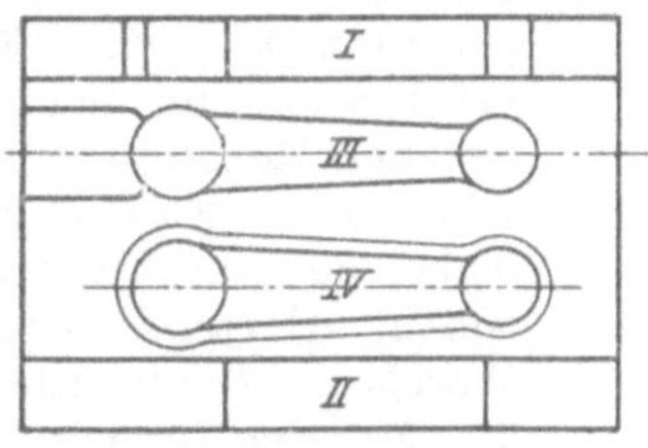

Abb. 76. Gesenk der Pleuelstange (4fach).

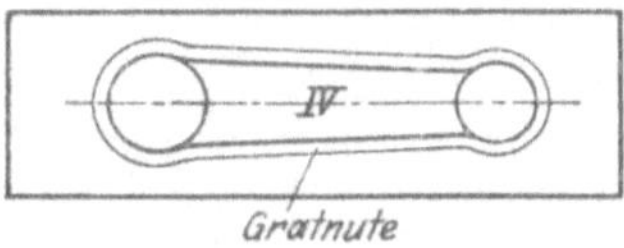

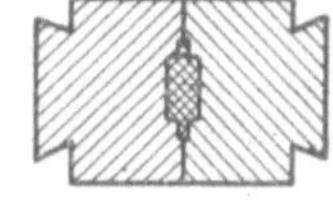

Abb. 77. Fertiggesenk der Pleuelstange.

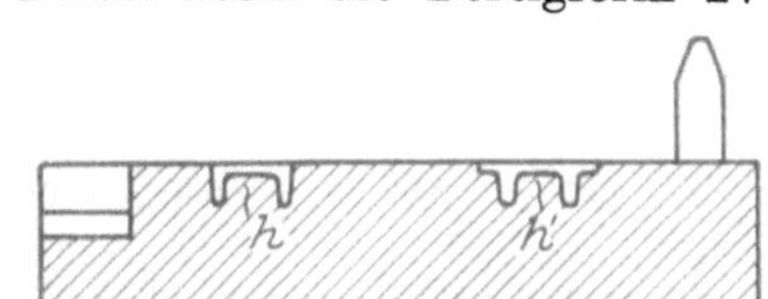

Abb. 78. Untere Gesenkhälfte einer Pleuelstange (3fach). h Wulst im Vorgesenk; h' Wulst im Fertiggesenk.

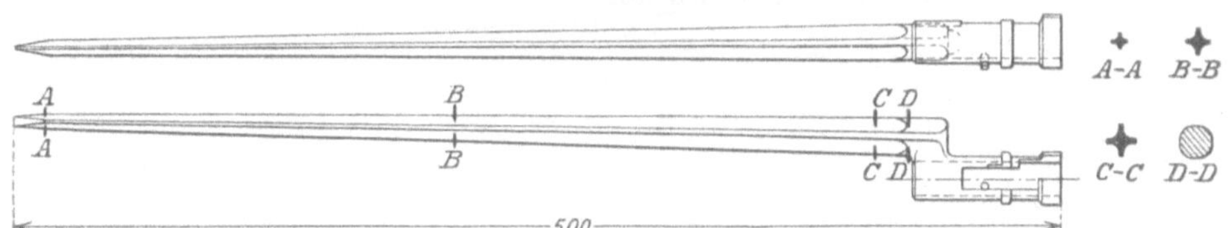

Abb. 79. Bajonettklinge.

Soll die Schubstange mit Rippenform geschmiedet werden, so bereitet man vielfach gleich beim Vorschmieden im Gesenk die Vertiefung C (Abb. 74) vor. Das Werkstück kommt nun in das Vorgesenk Abb. 78 mit dem Wulst h und wird im genauen Fertiggesenk im selben Block mit einem Schlage fertiggemacht.

Abb. 80. Schmieden von Bajonettklingen.

c) Bajonettklingen. Abb. 79⋯81 zeigen die Werkzeuge, Übergangsformen und Behandlungsverfahren beim Schmieden der Bajonettklingen. Der Rohstoff für die Klingen ist niedrig legierter Chromnickelstahl von etwa 70 kg/mm² Festigkeit. Die Klinge wird in zwei Hitzen fertig geschmiedet, Schmiedetemperatur 980 ··· 1000°. Zeitverbrauch zum Schmieden des Rohstoffes, Vorschmieden, Einschlagen, Abbrechen der Zangenenden, Härten, Beizen, Waschen, Neutralisieren $2^3/_4$ Minuten für 1 Stück, d. h. 160 ··· 170 Stück in 8 Stunden. Als Gesenkhammer dient ein 900 kg-Fallhammer mit folgenden Schlägen: 1 Schlag in der Biegeform, 1 ··· 2 Schläge im Vorgesenk, 1 Schlag im Fertiggesenk, Abgraten in besonderer Presse, 1 nochmaliger Schlag im Fertiggesenk zum Richten (Abb. 81).

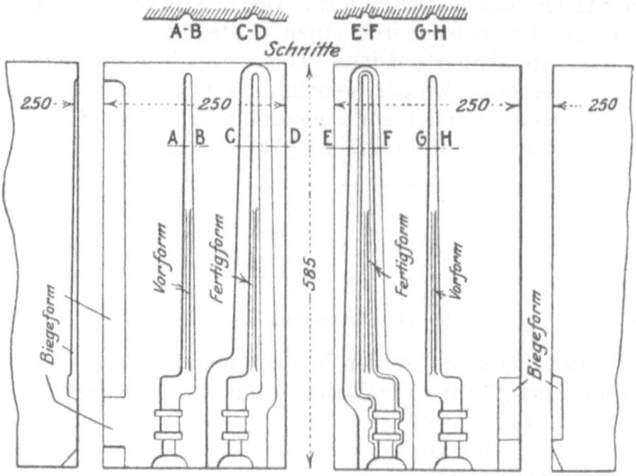

Abb. 81. Gesenk für Bajonettklingen.

d) Eisenbahnzughaken (Abb. 82 ··· 85). Abb. 83 gibt die Querschnitte an den Stellen I ··· VI an und Abb. 84 die daraus abzuleitende Vorschmiedeform, die dann hinterher gebogen wird. Jedoch muß man von solchem, dem richtigen Faserverlauf entsprechenden Vorschmieden bei diesen Haken meist absehen, weil es zu teuer werden würde.

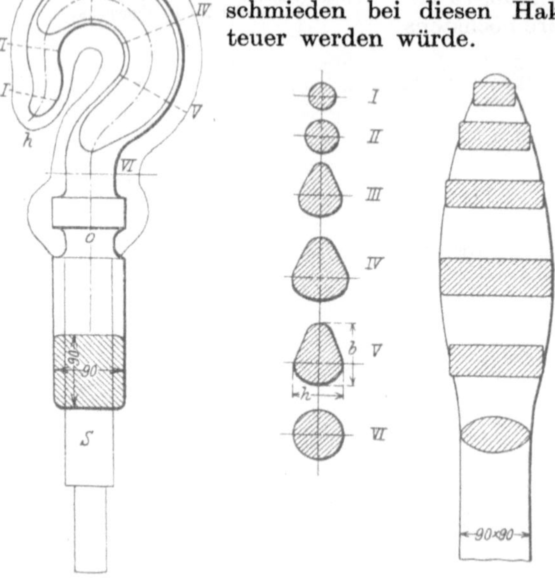

Abb. 82. Eisenbahnzughaken.

Abb. 83. Querschnitte des Eisenbahnzughakens.

Abb. 84. Theoretische Vorform zu Abb. 82.

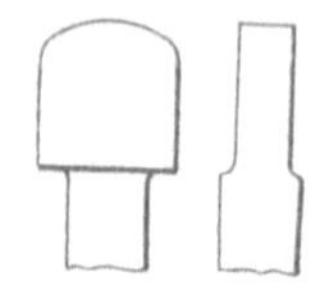

Abb. 85. Tatsächliche Vorform zu Abb. 82.

Man kann in diesem Fall darauf verzichten, denn große Genauigkeit wird nicht verlangt, die Form im Gesenk ist sehr flach und die Festigkeit genügt, auch wenn in der Biegung des Hakens keine Längsfasern liegen. Man schmiedet von Hand das eine Ende des Knüppels von 90 mm nach Abb. 85 vor, so daß das gebreitete Ende die Gesenkform ungefähr bedeckt. Nach guter Erwärmung wird dann der Haken mit wenigen nicht zu schweren Schlägen in einem offenen Gesenk vorgeschlagen und abgegratet, dann in derselben Hitze und im selben Gesenk fertiggeschlagen und wieder abgegratet. Das nicht ausgeschlagene Ende des Knüppels wird unter einem Dampfhammer von Hand nach Maß ausgeschmiedet.

e) Eisenbahnkupplungsspindel (Abb. 86). Ansatz A bedingt die interessante Vorform II mit der Wulst W, die mittels einer waagerechten Stauchmaschine aufgestaucht wird, und zwar ringsherum, um die Maschine nicht einseitig hoch zu beanspruchen, denn bei der hohen Festigkeit des Werkstoffes von 80 kg/mm² ist der Stauchdruck sehr groß. Beim Fertigschlagen im Gesenk wird der überschießende Teil der Wulst zum größten Teil nicht in den Grat getrieben, sondern in die Spindel, die um etwa 15 mm länger wird.

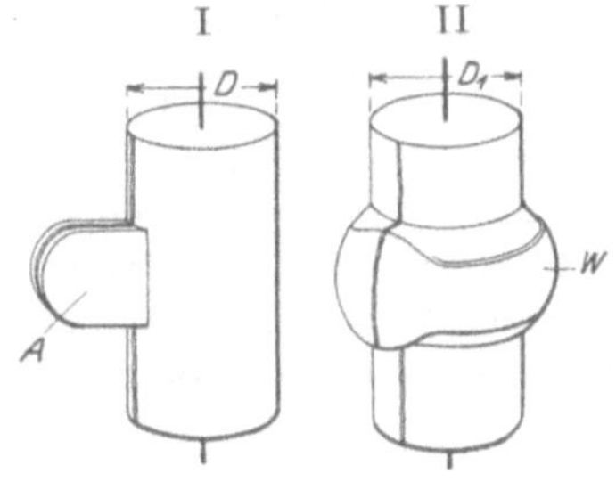

Abb. 86. Kupplungsspindel. I Fertigform; II Vorform.

28. Fließgerechtes Vorschmieden. Meist gibt man dem Vorgesenk angenähert dieselbe Form wie dem Fertiggesenk. Das ist aber in vielen Fällen, besonders auch bei größeren Werkstücken, unzweckmäßig, weil die natürliche Fließneigung des Werkstoffes dabei unberücksichtigt bleibt. Das sei am Beispiel des Schaftquerschnittes C der Pleuelstange Abb. 74 erläutert. Bei der üblichen Ausbildung schlägt das Gesenk Abb. 87 mit seiner ebenen Fläche auf die gleichfalls ebene Fläche des prismatischen Rohstoffes, der dann aber nicht, wie verlangt, in Richtung p' fließt, um das Gesenk auszufüllen (erster Schlag), sondern beharrlich in Richtung p und dabei das Gesenk auseinander preßt. Erst wenn der seitliche Fließwiderstand infolge Gratbildung (zweiter Schlag) groß genug geworden ist, beginnt der Werkstoff zu steigen. Der Grat begünstigt einerseits den Fließvorgang in Steigerichtung durch seinen Widerstand, den er in den Gesenkflächen findet, andererseits verringert er den auf die Flächeneinheit wirkenden Druck durch Vergrößerung der geschlagenen Fläche. Das Untergesenk führt inzwischen eine Menge Wärme vom Rohstoff ab, verfestigt ihn also und erwärmt sich selbst. Beim dritten Schlag werden die Verhältnisse noch ungünstiger, und wenn es gut geht, hat erst beim vierten Schlag der Werkstoff das Gesenk so weit ausgefüllt, daß man sagen kann, das Werkstück sei vorgeschmiedet.

Die genaue Form hat es noch nicht angenommen, da die Kanten bei a noch die runden Fließlinien haben. Sie waren schon zu kalt, und der Fließdruck war zu gering, als daß sie sich an die Gesenkform anschmiegen konnten. Dabei sind aber die Kanten b des Gesenkes hochgradig erwärmt, oft rotglühend, so daß das Gesenk leicht seine Form verliert. Um es abzukühlen, fährt der Schmied mit einem Ölschwabbel über die erhitzten Flächen und denkt dabei nicht, daß die Temperatur der Gesenkfläche ungleichmäßig ist; dadurch härtet diese verschieden nach, und es entstehen in den hocherhitzten Kanten hohe Spannungen, die zu den bekannten Querrissen führen. Um dem Werkstück die genaue Form zu geben, kommt es jetzt nach Entfernung des Grates in den Ofen und nach Säuberung vom Zunder in das Fertiggesenk, wo es den fünften Schlag erhält. Dann wird es nochmals entgratet.

Verwenden wir nun vernunftgemäß die Lehren der Freiformschmiede und lassen die Form des Werkstückes eine natürliche Entwicklung vom Rohstoff bis zur Fertigform durchmachen, so ändert sich das Bild. Wir gehen dabei von dem Grundsatz aus, für die Druckwirkung zwischen Gesenk und Rohstoff wechselseitig immer eine ebene auf eine gekrümmte Fläche wirken zu lassen und die Form an jeder Stelle möglichst dem natürlichen Werkstofffluß anzupassen.

Es soll wieder derselbe Querschnitt erzeugt werden. Abb. 88a $\cdots$ d zeigt die Formen des ersten Vorgesenkes und die verschiedenen Stufen der Verformung des ersten und einzigen Schlages, den der Rohstoff in diesem Gesenk erhält. Die Drücke P und P_1 greifen in der Mitte des prismatischen Rohstoffes an und erzeugen die Fließrichtung p, aber gleichzeitig fließt der Stoff in die Richtung p' (b), und zwar ohne Widerstand. Erst bei Erreichung der Gesenkwände G(c) wird die Fließrichtung vollständig nach p' gelenkt und das Gesenk zwanglos ausgefüllt (d). Die Querschnitte des Rohstoffes und der Gesenke sind berechnet nach dem üblichen Verfahren mit Abbrand und Gratverlust. So wird mit einem Schlag oder Druck die erste Vorform erzeugt; sie wird abgegratet. Die zweite Annäherung an die Fertigform erhält das Schmiedestück in einem zweiten Vorgesenk Abb. 89, auch wieder durch einen einzigen Schlag. Die Verformungsstufen dieses zweiten Schlages sind in a bis c dargestellt. Der Druck wird auf zwei Punkte verteilt,

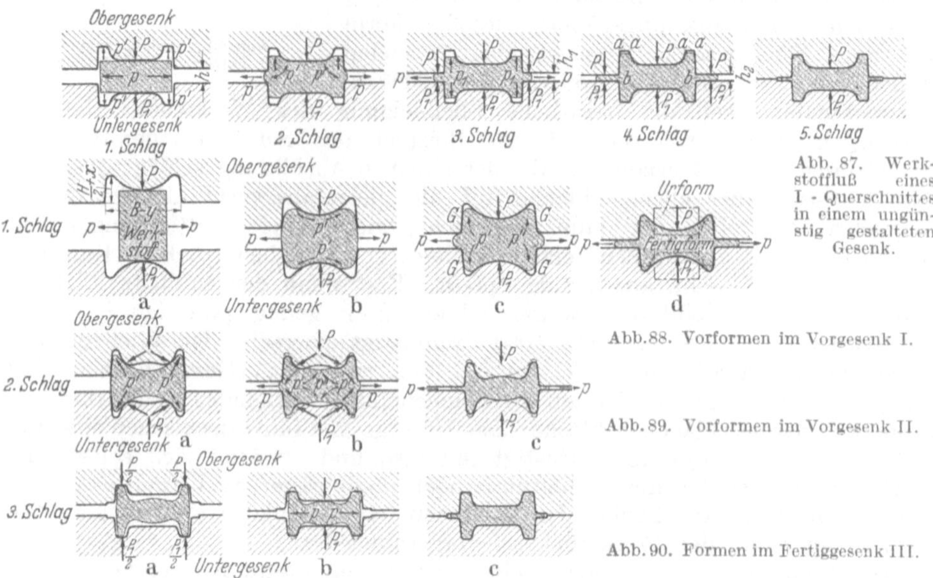

Abb. 87. Werkstofffluß eines I - Querschnittes in einem ungünstig gestalteten Gesenk.

Abb. 88. Vorformen im Vorgesenk I.

Abb. 89. Vorformen im Vorgesenk II.

Abb. 90. Formen im Fertiggesenk III.

um die Fließrichtung nach den Rippen hin zu erhöhen. Die Höhe der Rippen dieser zweiten Vorform ist größer als bei der Fertigform, während die Breite des Querschnittes geringer ist. Dadurch ergibt sich der Stauchdruck auf die Rippen und gleichzeitig der Streckdruck auf den Steg, so daß das Gesenk zwanglos ganz ausgefüllt wird. Der dritte Schlag im Fertiggesenk ist in Abb. 90 in drei Stufen (a, b, c) dargestellt.

Jede Vorform war nur sekundenlang mit dem Gesenk in Berührung. Man sieht auf den ersten Blick, daß der Kraftverbrauch bedeutend geringer ist als bei dem ersten Verfahren, schon weil nur drei Schläge nötig sind gegen früher fünf. Dadurch werden die Gesenke außerordentlich geschont. Man braucht allerdings drei verschiedene Gesenke, diese halten aber das Vielfache aus, so daß die Gesenkersparnis sehr groß wird. Die Anzahl Hitzen und Abgratungen hängen vom Stück ab.

Besonders bei schwer fließendem Werkstoff und bei schwierigen Formen hat man sich zu überlegen, inwieweit man eine Unterteilung der Vorform in mehrere vornimmt und nach welchen Gesichtspunkten man die Vorformen gestaltet.

29. Einfluß des Betriebsmittels auf Vor- und Fertiggesenk. Es ist durchaus nicht gleichgültig, ob man ein Gesenk für einen Brett- oder Riemenfallhammer oder für einen Dampf- oder Lufthammer entwirft. Erstere arbeiten mit nur 20 bis 40 Schlägen je Minute, die Gesenkdampf- oder Lufthämmer dagegen mit 80···100. Das hat auf die Gesenkgestaltung bestimmten Einfluß.

Im allgemeinen können Gesenke für Fallhämmer auch unter Dampfhämmern benutzt werden, aber nicht umgekehrt. Abb. 91 zeigt einen Doppelhebel, Abb. 92 das Gesenk dazu, und zwar in der Aufteilung eines Profilrecksattels (rechts), Vorrollform, Fertigform und Messer. Das Stück soll also in einem Gesenk mit mehreren Arbeitsgängen in einer Hitze vom Stab hergestellt werden. Diese Arbeitsvorgänge können unter dem Dampf- und Lufthammer und nur schnell hintereinander erfolgen. Der Fallhammer arbeitet langsamer, das Stück erkaltet zu stark und schlägt sich zuletzt nicht mehr scharf aus, besonders bei Teilen mit Rippen. Man wird deshalb, falls nur langsamgehende Fallhämmer zur Verfügung stehen, unter Luft-, Feder- oder Schwanzhämmern getrennt vorformen und unter dem Fallhammer lediglich vor- und fertigschmieden oder nur fertigschmieden. Man kann aber auch auf die Rollform verzichten und das Fallhammergesenk nur mit Profilsattel und Fertigform ausführen. Das Gesenk leidet dann stärker, ebenso die Genauigkeit. Teile, die außer dem Profilsattel eine ausgesprochene Vorform gebrauchen — es kann auch ein Vorgesenk mit Gratbildung sein —, können also nicht unter dem Fallhammer in einem einzigen Gesenk hergestellt werden. Durch die Vorform soll ja erreicht werden, daß der Werkstoff die Fertigform gut ausfüllt. Dazu ist die Form des Rohstückes beim Fallhammer viel wichtiger als beim Dampfhammer, der im Profilsattel mit Leichtigkeit auch weniger genau bemessene Stäbe, kantige oder runde Knüppel- oder Stabformen, in die gewünschte Form bringt. Dagegen muß man beim Fallhammer schon eher mal teuere Flachstäbe wählen, um sie im Profilsattel zu formen.

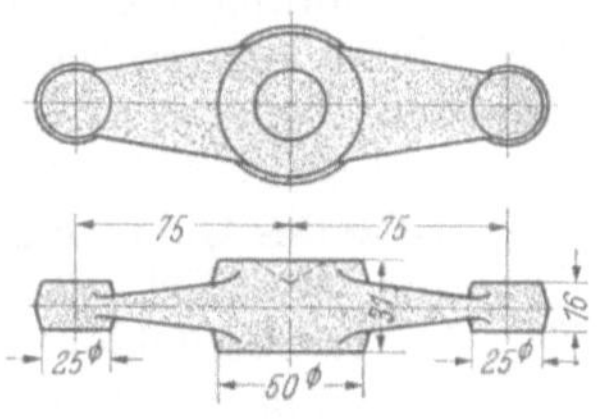

Abb. 91. Doppelhebel.

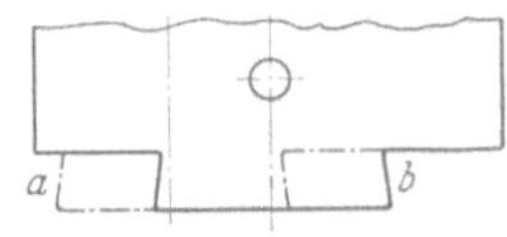

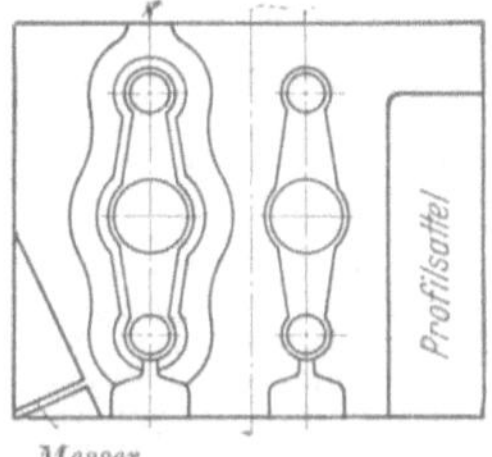

Abb. 92. Gesenk zum Doppelhebel.

Eine andere Frage ist, an welcher Stelle im Gesenk die Fertigform liegen soll. Bei einem Fallhammer oder einer Spindelpresse muß die Fertigform möglichst in der Maschinenmitte liegen, sonst werden die Stücke auf einer Seite stärker als auf der anderen. Bei Gegenschlaghämmern, Dampfhämmern und Lufthämmern, deren an sich schon starre Führung durch die kräftige Kolbenstange noch verstärkt ist, kann man den Schlagschwerpunkt für das Fertiggesenk unbedenklich mehr aus der Maschinenmitte herauslegen, ohne einseitige Schmiedestücke befürchten zu müssen. In Abb. 92 würde die Schwalbe in Stellung *a* (gestrichelt) für einen Fallhammer, in Stellung *b* (ausgezogen) für einen Dampfhammer gelten.

Bei Schmiedekurbelpressen kann man mit einem Druck nur eine Form erzeugen und muß daher für jeden Druck ein neues Gesenk verwenden. Die große Tischfläche dieser Pressen gestattet, mehrere Gesenke und das Abgratwerkzeug nebeneinander zu stellen. Dabei kann das einzelne Gesenk möglichst einfach sein (Abb. 93), während beim Hammer mehrere Gesenke in einen Block, also verwickeltere Formen, eingearbeitet sind. Die Gesenkblöcke müssen bei Hämmern wegen der Stoßwirkung erheblich höher sein als bei Pressen.

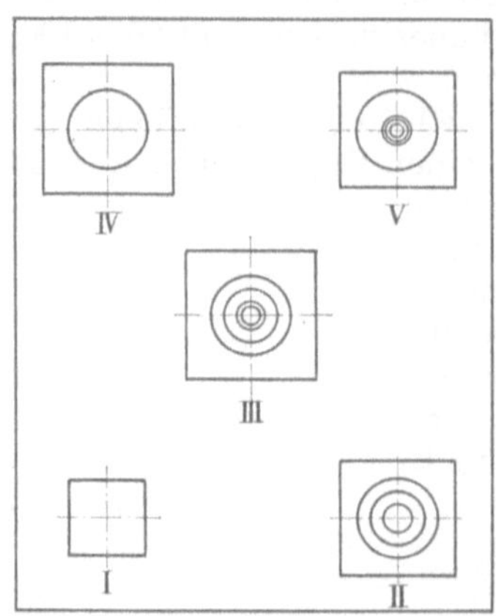

Abb. 93. Werkzeugeinbau unter Schmiedekurbelpresse für Herstellung eines Flansches. Ansicht auf Tisch. I Vordruck; II Vorstauchen; III Fertigstauchen; IV Abgraten; V Lochen.

Für die Schmiedemaschine und Schmiedewalze ergeben sich für die Ausbildung der Vorform ganz besondere Formen. Unter diesen Maschinen ist in fast allen Fällen das Vorformen erforderlich (Abschn. III B u. C).

30. Berechnung der Querschnittsform des Vorgesenkes. Wir haben gesehen, daß im allgemeinen beim Vorschmieden die Querschnitte höher und schmaler werden müssen als die Fertigformen, damit sie beim Nach- und Fertigschmieden gestaucht werden können. Bei I-Querschnitten, überhaupt bei allen, die eine Aushöhlung haben, braucht die Vertiefung nicht im Vorschmiedegesenk bzw. von Hand vorbereitet zu werden, da die vorspringenden Teile des Vor- oder Fertiggesenkes (z. B. h und h' in Abb. 78) treibend auf die benachbarten Teile des Querschnittes wirken. Man benutzt diese günstige Wirkung vorspringender Gesenkteile auch bei Werkstücken mit Bohrungen, indem man diese Bohrungen bereits beim Schmieden vorbereitet.

An der Pleuelstange Abb. 74 sei nun die Berechnung der Querschnitte des Rohstoffes und der Vorform erläutert. In Abb. 94 sei I der Querschnitt des Stangenschaftes. Seine Fläche ist $F = F_1 + 2 \cdot F_2 = 6 \cdot 27 + 2 \cdot 4 \cdot 15 = 282\ \text{mm}^2$. Beim Genauschmieden mit Vorform ist das Werkstück einmal vorzuschmieden und zweimal ins Gesenk zu schlagen. Dabei ergeben sich etwa folgende Verluste, ohne Beizen und Strahlen, wenn Vorform und Vorgesenk in derselben Hitze geschlagen werden:

1. Abbrand des Rohstoffes im Feuer	rd.	2%
2. Abgraten der Vorform	„	6%
3. Abbrand der Vorform im Feuer .	„	2%
4. Abgraten der Fertigform	„	5%
Zusammen	rd.	15%

Diese 15% sind der Fläche F zuzurechnen, das ergibt ein Rohstoffprofil von $282 + 15\% = 325\ \text{mm}^2$. Nimmt man nun an, daß die Vorform (Abb. 94 II) 1 mm schmaler wird als die Fertigform, also 34 mm, und daß der Rohstoff in der Vorform um 4 mm gebreitet wird, so ergibt sich das Breitenmaß des Rohstoffes (Abb. 94 III) zu $35 - 1 - 4 = 30$ mm. Bei 30 mm Breite muß der Rohstoff an dieser Stelle eine Dicke von $325 : 30 \approx 11$ mm erhalten, worauf beim Vorschmieden Rücksicht zu nehmen ist. Berechnet man außer dem Querschnitt *1—1* noch den zweiten *2—2* (Abb. 74), so erhält man die vorzuschmiedende Form des ganzen mittleren Stangenteiles C.

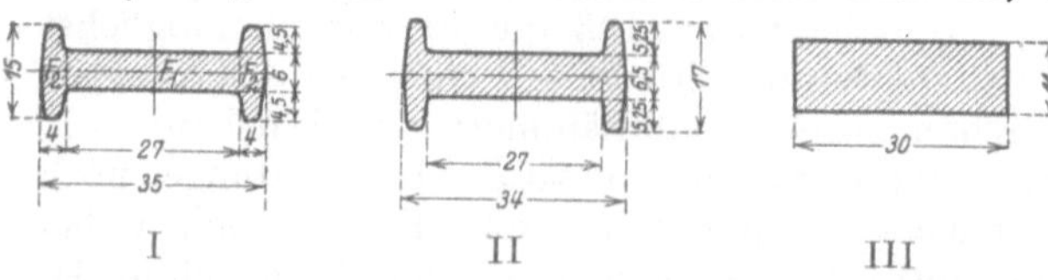

Abb. 94: Querschnitte des Stangenteils der Pleuelstange Abb. 74.

Das Vorgesenk sollte 34 mm breit sein; dazu nimmt man noch die Stegdicke zu 6,5 mm an und die Rippenhöhe nach dem Vorhergesagten zu 17 mm. Der

Gesamtquerschnitt soll um $2 + 5 = 7\,\%$ größer sein als der der Fertigform, weil ja nur noch eine Hitze und ein Grat als Verlust gerechnet werden; so erhält man die Rippenstärke x aus

$$282 + 7\,\% = 302\ \text{mm}^2 = 2 \cdot 17 \cdot x + (34 - 2x) \cdot 6{,}5,$$

also

$$(34 - 13)\,x = 81\ \text{mm}^2 \quad \text{oder} \quad x \approx 3{,}9\ \text{mm}.$$

Wenn die Rippen parallele Flächen hätten, würde die Rippenstärke rd. 4 mm betragen, da sie aber zum leichteren Ausheben um rd. 1 : 10 abgeschrägt werden müssen, so ist der Werkstoff entsprechend zu verteilen. Damit ist dann das Vorgesenk bestimmt (Abb. 78). Es bleibt noch die Berechnung der Rohstoffstange übrig. Die Abmessungen ihres Profils richten sich nach dem größten Querschnitt der Köpfe A oder B (Abb. 74), also hier nach A mit 42 mm Durchmesser und 25 mm Höhe. Beide Köpfe werden vorgelocht. A soll im fertigen Zustande 26 mm Loch haben; da es sich hier um Genauschmieden handelt, so muß das Fertigstück verjüngte Vorlochungen von 25 auf 22 mm (Abb. 95 I) erhalten. Die Fläche des Kopfquerschnittes ist also:

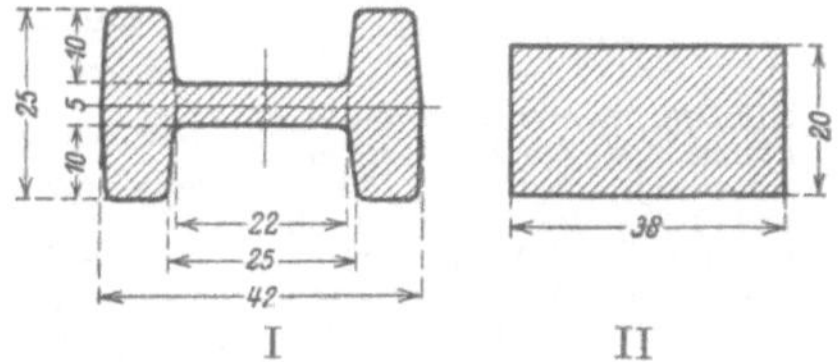

Abb. 95. Querschnitt des Kopfes der Pleuelstange Abb. 74.

$$F_k = 42 \cdot 25 - 2 \cdot 10 \cdot \frac{25 + 22}{2} = 1050 - 470 = 580\ \text{mm}^2.$$

Zu diesem Querschnitt sind die obengenannten 15 % hinzuzufügen, so daß $F_k = 667\ \text{mm}^2$ für den Rohstoff gewählt werden muß. Nehmen wir nun an, daß durch die Vorlochungsvorsprünge im Gesenk der Rohstoff um 4 mm auseinandergetrieben wird, so erhalten wir seine Breite zu $42 - 4 = 38$ und seine Dicke zu $667 : 38 \approx 18$ mm (Abb. 95 II). Wir nehmen 20 mm, d. h. Stangen von 38×20 mm (oder, wenn die nicht vorhanden, 40×20 mm). Dieses Profil wird für den Stangenschaft nach Abb. 94 III vorgeschmiedet. Auf solche Weise können die meisten Gesenke rechnerisch und zeichnerisch mit ziemlicher Genauigkeit im Hinblick auf Kraft- und Stoffersparnis vorher festgelegt werden.

B. Besondere Schmiedeverfahren.

31. Das Schmieden von der Stange. Kleinere Teile, auch solche, die vorgeformt werden, schmiedet man von der Stange, d. h. der Rohstab von rd. 1 ⋯ 2,5 m Länge und bis etwa 45 mm Durchmesser — darüber hinaus nicht, weil sonst zu schwer — wird an einem Ende auf Schmiedetemperatur gebracht und das warme Ende ins Gesenk geschlagen. Am kalten Ende hält der Schmied die Stange. Das Schmieden von der Stange ist besonders in Gebrauch im Sauerlande und Bergischen Lande. Hier findet es auch Verwendung bei den Einmannfallhämmern. Der Name sagt schon, daß diese Fallhämmer von einem Mann bedient werden. In der linken Hand hält er den Stab, mit der rechten zieht er den Hammer oder bedient den Druckhebel, oder er hält den Stab mit beiden Händen und bedient den Hammer mit Fußhebel. Weiter kommt das Schmieden von der Stange am Gesenkklufthammer in Frage. Unter diesen kleineren, aber schnellen Hämmern werden kleine Teile, wie Hufstollen, Türschlüssel, im Gesenk von der Stange hergestellt. Schließlich findet das Schmieden von der Stange noch Verwendung bei der Schmiedemaschine. Hier werden schon sehr schwere Stangen verschmiedet, die man nur im Flaschenzug befördern kann. Das Schmieden von der Stange erfordert am Gesenk insofern Berücksichtigung, als eine Zuführung der Stange zum Gesenk geschaffen werden muß (Abb. 96).

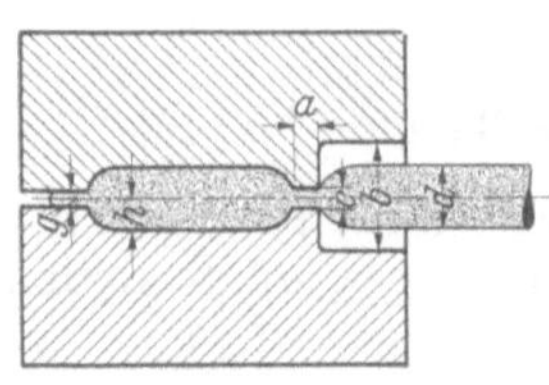

Abb. 96. Schmieden von der Stange. d Durchmesser der Rohstange; $b = 1{,}5\,d$ Breite und Höhe der Stangenzuführung; $c = 6 \cdots 10$ mm Durchmesser; $a = h$ bei Flachgesenken; g Gratstärke.

Es ist auch teilweise schon üblich, profiliert gewalzte Stangen zu verwenden, deren Querschnitt der Vorform des Schmiedestückes entspricht. Das bedeutet Verminderung der Arbeitsgänge, höhere Erzeugung, genauere Schmiedestücke, weniger Werkstoffverlust und große Gesenklebensdauer, kommt aber nur für große Massenfertigung in Frage, z. B. Automobilpleuelstangen.

32. Das Schmieden vom Stück. Viele Teile, sowohl kleine als auch alle großen, werden nicht „von der Stange" geschmiedet, die kleinen oft aus Gründen der Genauigkeit oder wegen eines anderen Vorformverfahrens (Spalten), die großen auch wegen des Gewichtes. Die Stangen werden in Stücke geschnitten und kommen so oder vorgereckt ins Vor- bzw. Fertiggesenk. Nicht vorzuschmiedende Teile, wie Naben, Räder u. dgl., schmiedet man stets vom Stück. Unter der Schmiedepresse wird nur vom Stück gearbeitet. Das Schmieden vom Stück gibt zunderfreiere Schmiedestücke, da sie nur einmal erwärmt werden, während beim Schmieden von der Stange immer auch schon der noch nicht zur Verarbeitung kommende Teil mit erwärmt und somit mindestens zweimal erhitzt wird. Stückarbeit erfordert geschlossene Gesenke. Man verbindet bisweilen auch Stangen- und Stückverfahren, indem man mit abgekürzten Stangen arbeitet, die wenigstens zwei Schmiedestücke enthalten, wobei je ein Ende verschmiedet und das andere gehalten wird (Abb. 97).

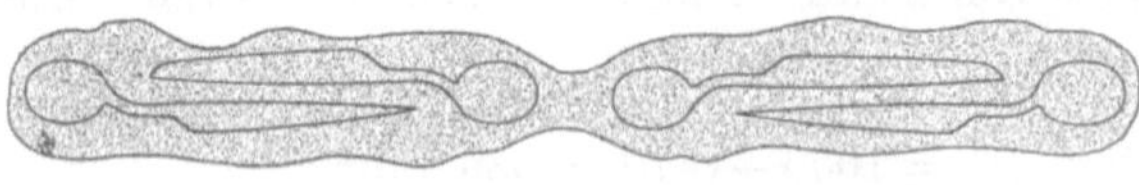

Abb. 97. Gesenkschmieden von Scherenschenkeln.

33. Genauschmieden. Die neuzeitliche Technik verlangt äußerst genaue Schmiedeteile, einmal der Gewichte wegen, die möglichst niedrig und immer gleich sein sollen, sodann möchte man nur Paßflächen mit Schneidwerkzeugen nacharbeiten. Zu diesem Zweck genügt es nicht, den vorgeschmiedeten Teil in einem Gesenk fertigzuschmieden, weil dieses nach und nach seine Form verändert. Man macht das erste Gesenk um etwa 0,2 mm nach allen Richtungen größer. Das hierin geschlagene Werkstück wird durch Säure entzundert, entgratet und von den Gratrückständen befreit; dann wird es, am besten in einem Gasofen, auf 950° erwärmt und in einem sehr genauen Fertiggesenk mit einem kräftigen Schlag fertiggeschmiedet. Dazu benutzt man einen Hammer mit sehr genauer Führung. Vor dem Einlegen in das Fertiggesenk taucht man das glühende Werkstück ganz kurz in kaltes Wasser und fährt schnell mit der Stahlbürste darüber, um etwaigen Zunder zu entfernen. Man läßt die Flamme des Gasofens mit ganz wenig Luftüberschuß brennen, um reduzierende Wirkung zu erzielen; die Stücke werden dann hinterher sandgestrahlt, damit sie schön aussehen. Beim Genauschmieden ist es nicht vorteilhaft, Vor- und Fertiggesenk in einem Block zu vereinigen; man stellt das Fertiggesenk gesondert her (Abb. 77), und wenn seine Genauigkeit nachläßt, macht man ein Vorgesenk daraus.

Der andere Weg ist das sog. Kalibrieren der Schmiedestücke unter Kniehebel- oder Kurbelpressen mit begrenztem Hub. Man kalibriert kalt oder warm, und zwar besonders die Stellen, die nicht nachbearbeitet werden, und erreicht Genauigkeiten bis auf wenige hundertstel Millimeter.

Eine neue Art des genauen Vorformens ist das Elektrostauchen. In der elektrischen Stauchmaschine werden Stäbe mit meist rundem Querschnitt an einem Ende erhitzt und gleichzeitig mit hydraulischem Druck gestaucht. Durch verschiedenartige Stauchgeschwindigkeiten, Drücke und Temperaturen, unter Rücklauf der Elektrode, kann man ohne jedes Gesenk, also frei, verschiedene Stauchformen erzielen (Abb. 98). Diese vorgestauchten Stücke werden dann in Reibspindelpressen fertig gepreßt. So hergestellte Ventilteller für Autozylinder aus blankem Cr-Stahl z. B. können dann wegen der geringen Bearbeitungszugabe unmittelbar fertig geschliffen werden.

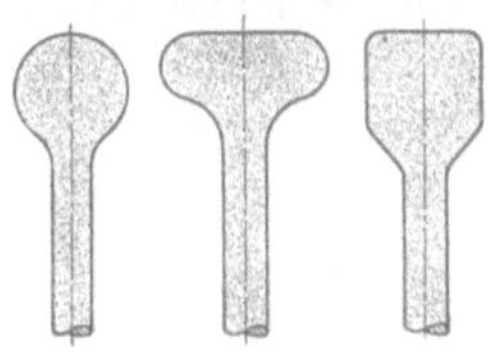

Abb. 98. Vorformen beim Elektrovorstauchen.

Das elektrische Vorstauchen hat den großen Vorteil, daß es die Vorformgesenke erspart; es ist auch nicht auf eine bestimmte Werkstücklänge beschränkt, um ein Ausknicken der Stange zu vermeiden, und wird dadurch wirtschaftlich gegenüber dem Recken. Außerdem zeichnet es sich durch geringe Zunderbildung aus (Abb. 99).

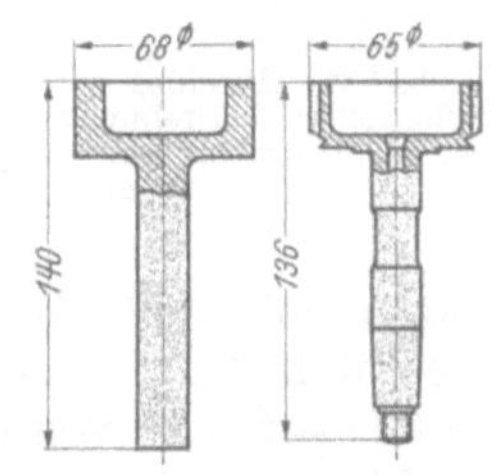

Rohform. Fertigstück.

Abb. 99. Getriebewelle, durch Elektrovorstauchen und unter einer Reibspindelpresse hergestellt.

34. Mehrfachschmieden. Kleinere, besonders flache Gesenkschmiedeteile kann man durch Zusammenfassen mehrerer Formen in einem Gesenk (Mehrfachgesenk) sehr wirtschaftlich herstellen. Bei der vorerwähnten Stangenarbeit unter Gesenklufthämmern werden oft Mehrfachgesenke verwendet, z. B. für Hufstollen oder Flügelmuttern (Abb. 100). Abb. 97 zeigt an einem Scherenschenkel die Vereinigung des Stangen-, Stück- und Doppelschmiedens. Aber auch größere Teile, wie z. B. Pleuelstangen mit Lagerdeckeln, werden zusammen geschmiedet (Abb. 169). Den Deckel sägt man dann nachträglich ab. Bei der Gestaltung solcher Gesenke muß nur beachtet werden, daß der Werkstoff gut fließen kann, damit nicht Schmiedefehler entstehen.

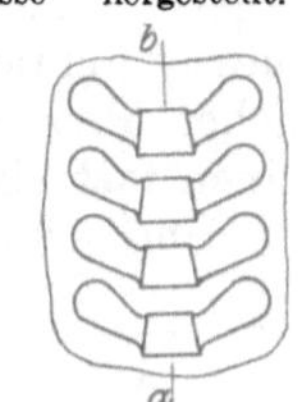

Abb. 100. Herstellung von Flügelmuttern.

III. Gestaltung der Werkzeuge für die einzelnen Arbeitsvorgänge unter Berücksichtigung der Maschinenart.

A. Arbeiten unter Hammer oder Presse.

35. Schneiden. Das Schneidwerkzeug zum Ablängen von Werkstoff ist meist ein einfaches Messer oder Führungsschnitt unter Schere oder Presse, auch wird der Rohstoff vielfach mittels Kalt- oder Warmsäge in Stücke zerteilt. Dabei rechnet man zu dem Gewicht des fertigen Schmiedestückes den Abbrand-, Beiz-, Schnitt- und Abgratverlust. Wichtig ist oft eine gerade Schnittfläche, die auf schlechten Scheren schwer zu erreichen ist. Das Obermesser der Schere soll genügend schräg sein und womöglich am Untermesser einseitig oder doppelt geführt werden (Abb. 101). Das obere Messer darf natürlich in seinen Seitenführungen im Ständer nicht wackeln. Der Neigungswinkel der Messer kann für Warmschneiden um einige Grad größer sein (Abb. 102). Um nicht jede Länge messen

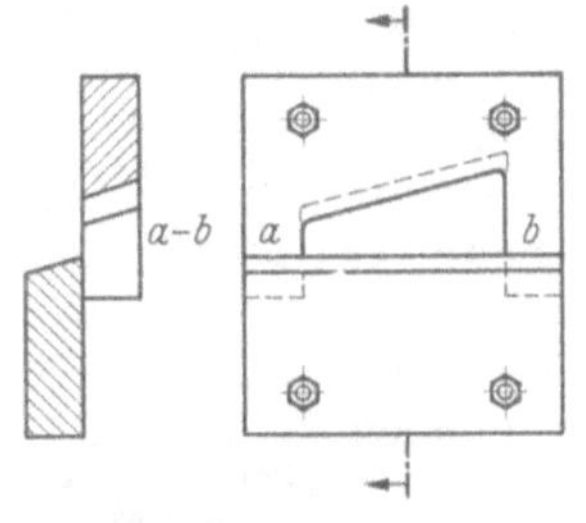

Abb. 101. Schermesser. *a* u. *b* Führungen.

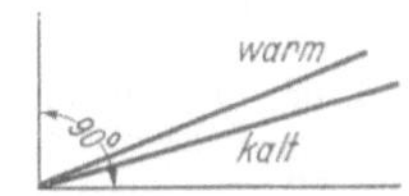

Abb. 102. Neigungswinkel für Schermesser.

zu müssen, namentlich bei kurzen Stücken, versieht man die Schere mit einem Anschlag. Dieser Anschlag darf nicht fest sein, weil sonst das abgeteilte Stück sich zwischen Obermesser und Anschlag einpressen würde. Man macht ihn am besten drehbar, so daß er von selbst wieder in seine Stellung zurück fällt (Abb. 103). Den Drehpunkt *b* befestigt man unmittelbar am Scherenständer oder, wenn das nicht geht, an einem angeschraubten Arm *e*; *c* ist ein Gegengewicht, das den Anschlag gegen den Stift *a* drückt. Die Anschlagplatte *d* führt man als Kreisbogen mit dem Mittelpunkt *b* aus, denn beim schnellen Vorschub kommt es vor, daß der Anschlag nicht schnell genug zurückfällt; dann dient jeder Punkt der Oberfläche von *d* demselben Zweck. Der Drehpunkt *b* ist in einem waagerechten Schlitz für verschiedene Schnittlängen einstellbar.

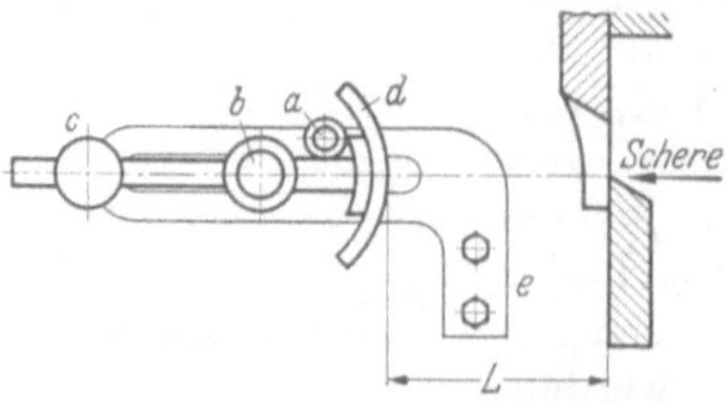

Abb. 103. Anschlag zum Ablängen. *a* **Anschlagstift;** *b* **Drehpunkt;** *c* **Gegengewicht;** *d* **Anschlagplatte;** *e* **Befestigungsarm;** *L* **Abschnittlänge.**

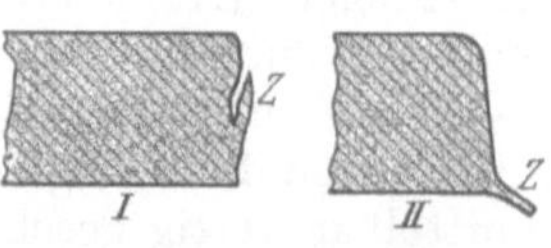

Abb. 104. Schnittflächenfehler. I u. II verschiedene Werkstücke; *Z* **Zungen.**

Beim Kaltschneiden ist besonders darauf zu achten, ob der Werkstoff sich dafür eignet. Härterer Stoff bildet oft Überlappungen, die beim Pressen Ausschuß ergeben. Bei stumpfen oder schlecht geführten Scherenmessern entstehen Zungen (Abb. 104 bei *Z*). An neuzeitlichen Pressen sind die Messer so eingebaut, daß man einen fast ebenen und rechtwinkligen Schnitt erhält.

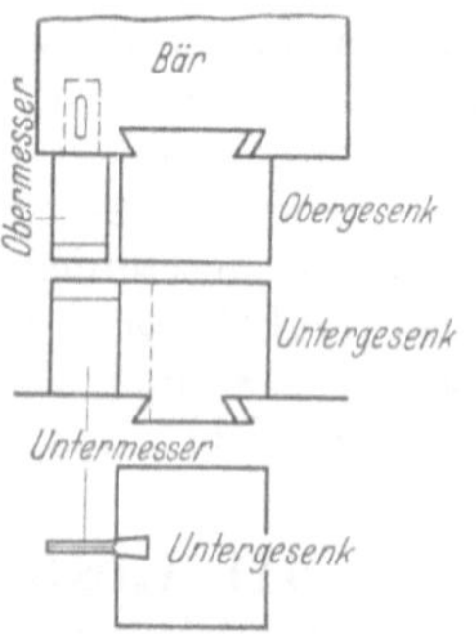

Abb. 106. Schneidwerkzeug neben Gesenkblock.

Um beim Schmieden von der Stange das Schmiedestück abzutrennen, benutzt man entweder eine am Hammer angebrachte Handhebelschere (Hackschere), die man auch, mit dem Hammerhub verbunden, mechanisch wirken lassen kann, oder eine als Schneidkante ausgebildete Gesenkblockecke (Abb. 105). Man kann auch besondere Messer einsetzen, entweder seitlich am Block (Abb. 106) oder stirnseitig (Abb. 107). Das Verkeilen der Messer ist besser als das Verschrauben.

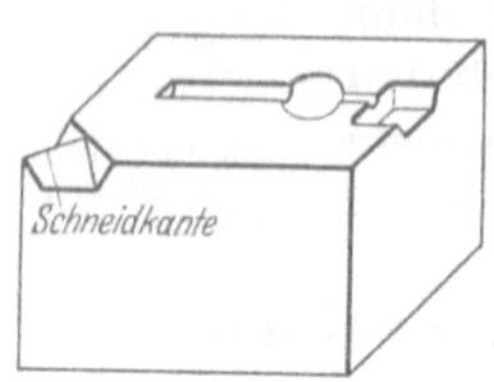

Abb. 105. Schneidkante am Gesenkblock.

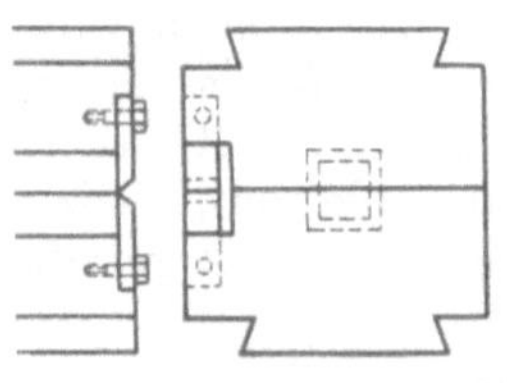

Abb. 107. Schneidwerkzeug vor Gesenkblock.

Die Rohlinge für das Schmieden unter der Presse sägt man vielfach ab, um genau rechtwinklige und glatte Schnitte zu erhalten. Bei schief geschnittenen Stücken drückt sich der Dorn in Richtung p (Abb. 108) zur Seite; er kann brechen, zumindest aber werden die Wandstärken der geschmiedeten Hülsen ungleich, oder das Rohstück wird im offenen Gesenk einseitig verdrückt.

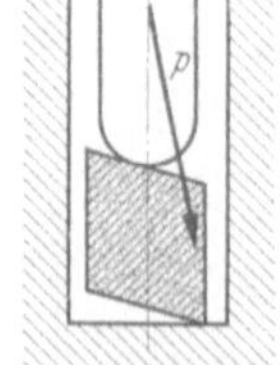

Abb. 108. Dornen schiefer Stücke.

36. Spalten. Im Bergischen Lande hat man es verstanden, sich von der Handwerkskunst des Reckschmiedes frei zu machen, indem man ein klug ausgedachtes System der Werkstoffzerteilung mittels Exzenterpressen, „Spalten" genannt, in Anwendung bringt. Man benutzt grundsätzlich Werkstoff von flacher Form für die meist flachen kleinen Massenteile, die nach diesem Verfahren hergestellt werden, wie Messer, Scheren, Zangen, Schraubenschlüssel, Schraubenzieher, Kloben usw.

Die Spaltpressen stehen unmittelbar neben dem Rohstofflager, so daß der Werkstoff — senkrecht aufgestapelt — ohne große Förderkosten, gespalten, in Kästen gepackt und dem Hammer zugeführt werden kann. Auf dem Pressentisch befindet sich die Spaltsohle (Abb. 109), in die der Spaltschnitt eingespannt wird.

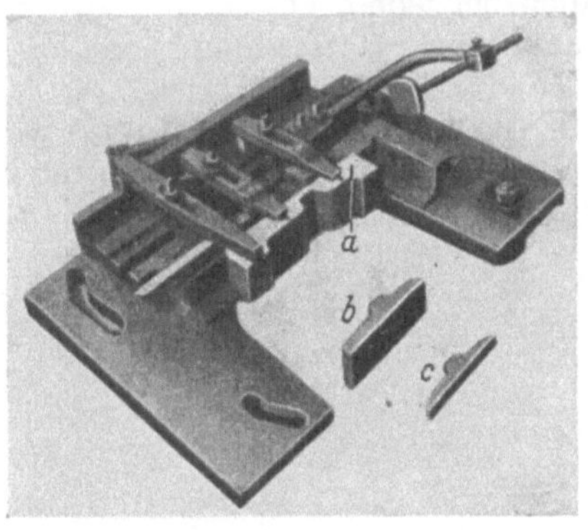

Abb. 109. Spaltsohle für Exzenterpresse. *a* Spaltschnittunterteil; *b* Spaltschnittoberteil; *c* Spaltstück.

Abb. 110. Spaltwerkzeug, Einzelteile. *a* Unterteil; *b* Oberteil; *c* Spaltstück.

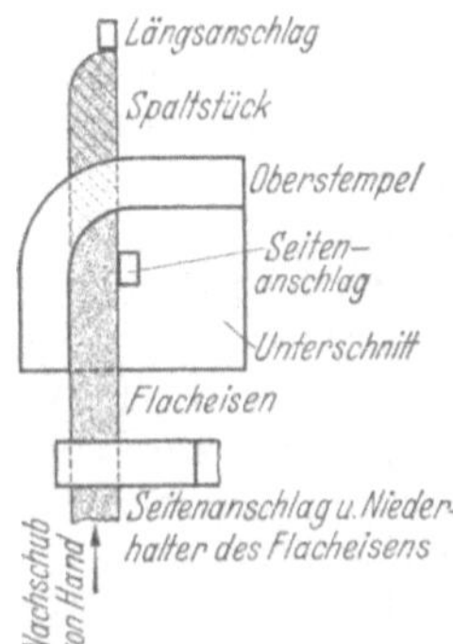

Abb. 111. Spaltwerkzeug Abb. 110 eingebaut; Schema, Draufsicht.

Die entfallenden Werkstücke nennt man Spaltstücke. Mit Ausnahme von etwas Stangenendenabfall entsteht kein Werkstoffverlust. Falls erforderlich, wird beim Spaltstück zum Anfassen beim Schmieden ein Zangenende mit angeschnitten (Abb. 113). Wie die Abb. 109 u. folg. zeigen, sind die Spaltwerkzeuge eigentlich besonders geformte Messer, die wie Schnitt und Stempel zusammen arbeiten, wobei der Werkstoffstreifen in seitlichen Anschlägen geführt und in der Länge begrenzt wird (Abb. 111). Die Formen der Spaltschnitte sind sehr vielgestaltig, doch lassen sich einige Grundformen festlegen:

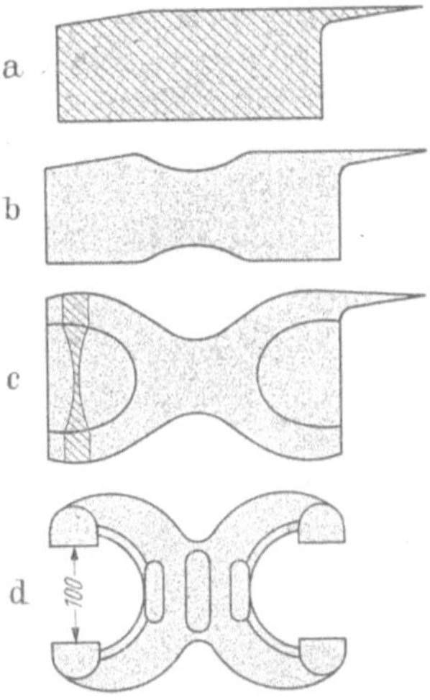

Grundform I. Gerade Spaltform (Abb. 112 u. 113). Bei jedem Pressenhub entfällt ein Stück.

Grundform II. Schräge Spaltform (Abb. 114 u. 115). Der Flachstreifen wird schräg über das aus zwei einfachen Messern

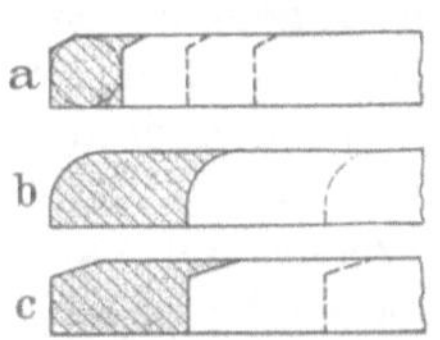

Abb. 112. Gerade Spaltform. *a* für Scheiben; *b* wie Abb. 110 u. 111; *c* für Rachenlehren Abb. 113.

Abb. 113. Herstellung einer Rachenlehre. *a* Spaltstück; *b* Einkneifen (Stauchen); *c* Breiten; *d* Fertigstück nach Vor- und Fertigschmieden in einer Hitze, kalt abgegratet.

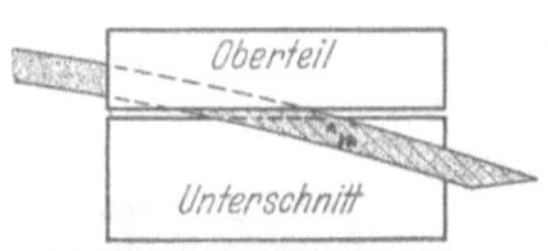

Abb. 114. Schräge Spaltform; Draufsicht.

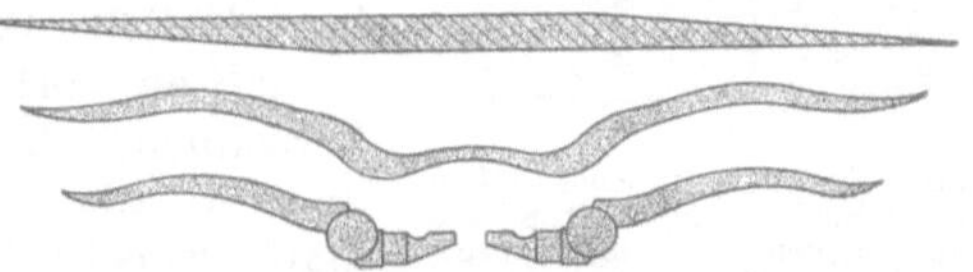

Abb. 115. Herstellung von zwei Kombinationszangenschenkeln aus einem schrägen Spaltstück.

bestehende Spaltwerkzeug geführt. Das Spaltstück zur Herstellung von Kombinationszangenschenkeln wird gebogen und dann ins Gesenk geschlagen.

Grundform III. Spaltform für vereinigten geraden und schrägen Schnitt (Abb. 116 u. 117). Bei dieser Form entfallen bei jedem Pressenhub zwei Stück. Sie dient z. B. auch zur Herstellung von Scherenschenkeln.

Grundform IV. Spaltform für einseitige Köpfe (Abb. 118···120) mit Querschnittsverminderung nach einer Seite. 2 Stück je Hub.

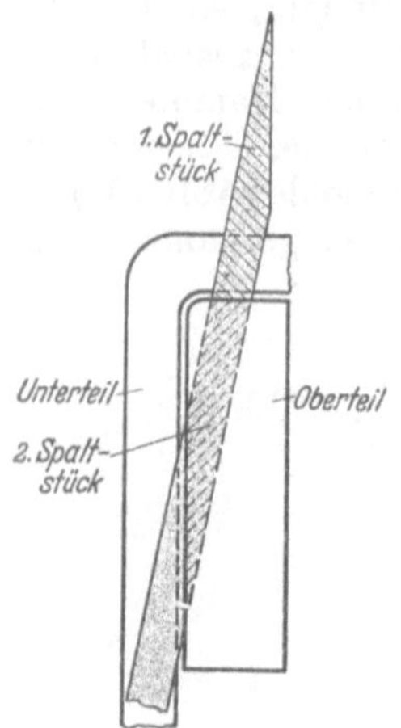

Abb. 116. Spaltform für vereinigten geraden und schrägen Schnitt.

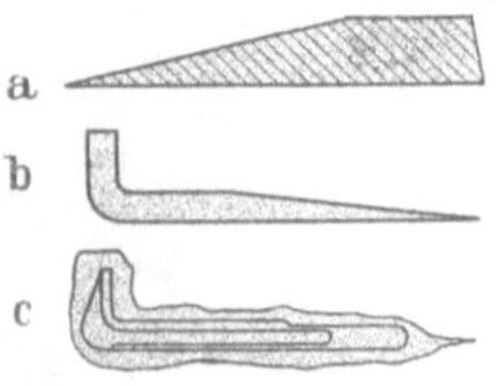

Abb. 117. Herstellung eines Exzelsiorschlüsselstieles. *a* Spaltstück; *b* Spaltstück gebogen; *c* Rohling im Grat.

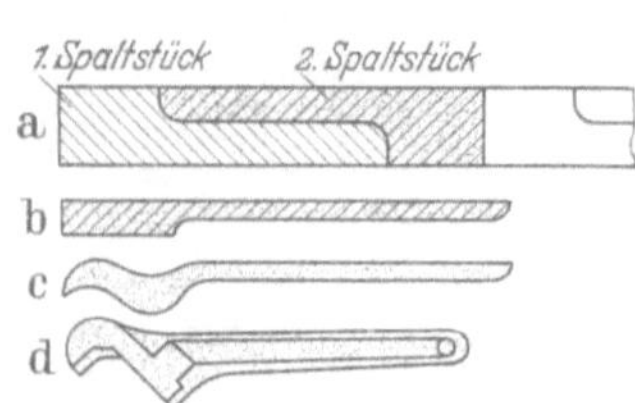

Abb. 118. Herstellung eines Kreszentschlüsselstiels. Spaltstück wird vor dem Gesenkschmieden gebogen.

Grundform V. Spaltform für Köpfe in Mitte (Abb. 109, 121, 122), brauchbar für Querschnittsverminderung nach beiden Seiten.

Abb. 119. Spaltform mit verjüngtem Schaft.

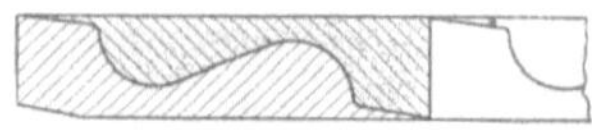

Abb. 120. Spaltform mit verdicktem Schaft.

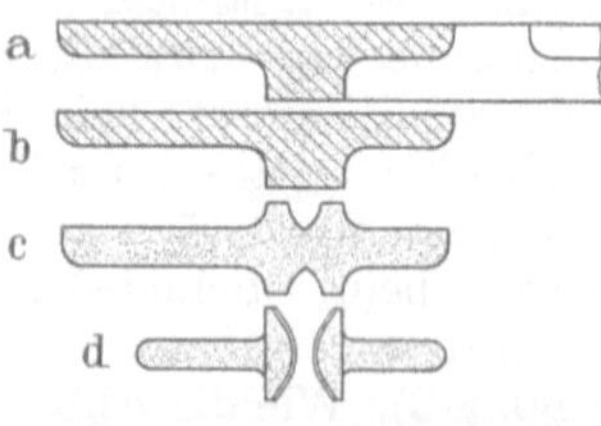

Abb. 121. Spaltform für Kopf in Mitte. *a* Flachstahlstab; *b* Spaltstück; *c* Setzschlag bringt Schäfte in Mitte; zugleich Einkneifen; *d* Fertigstücke.

Grundform VI. Spaltform für doppelte Köpfe (Abb. 123), z. B. zur Herstellung von Schraubenschlüsseln.

Die drei ersten Grundformen sind Universalschnitte und für viele Zwecke zu gebrauchen, die übrigen sind Sonderformen, die für bestimmte Zwecke entwickelt wurden. Das Spalten geht bedeutend schneller als das Recken, z. B. lassen sich in der Stunde 2000 Spaltstücke für 4″ Scherenschenkel aus einer Werkstoffabmessung $100 \times 20 \times 12$ mm herstellen oder 1000 Spaltstücke für Exzelsiorschlüsselstiele aus $300 \times 40 \times 13$ mm Flachstahl. Außerdem kann diese Arbeit von ungelernten Kräften ausgeführt werden. Ein Nachteil ist, daß die Faser zerschnitten wird. Bei manchem Schmiedestück ist darauf Rücksicht zu nehmen. Der Werkstoffverbrauch läßt sich bei diesem Verfahren vorher sehr genau berechnen. Beim Entwerfen von Spaltschnitten fertigt man zweckmäßig zunächst Probespaltstücke von Hand.

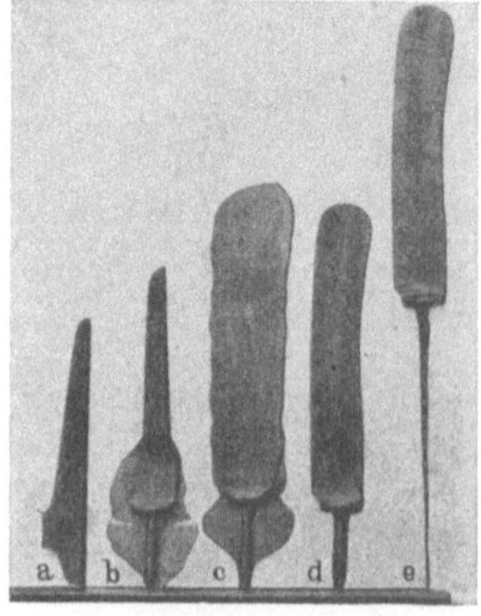

Abb. 122. Herstellung eines Tischmessers. *a* Spaltstück; *b* Kropf und Angel geschlagen; *c* Klinge ausgeschmiedet; *d* Klinge abgegratet; *e* Angel gelängt.

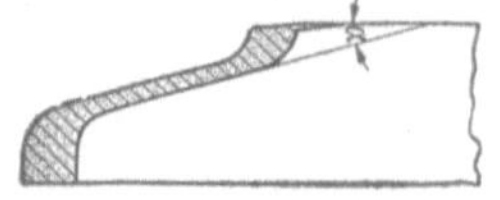

Abb. 123. Spaltform für doppelte Köpfe. Winkel *α* gibt die Schaftbreiten an.

37. Beim Rollen wird das Arbeitsstück dauernd gedreht, damit kein Grat entsteht. Es kommt in Frage für Vor- und Fertigschmieden bei Stangen- oder Stückarbeit. Man kann runde, kugelige oder polygonale Formen damit herstellen (Abb. 124, 125 u. 126). Das Rollen lediglich als Vorformung hingegen bedeutet ein genaues Recken zwecks genauer Materialzuteilung (Abb. 92).

Rollgesenke werden im Grunde mit dem gewünschten Halbmesser des Stükkes ausgeführt (Abb. 127). Alle Krümmungsübergänge müssen tangential verlaufen.

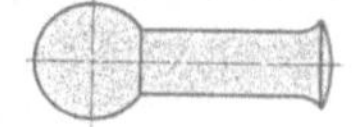

Abb. 124. Gerolltes Schmiedestück: Anschweißkopf für Glasanfangeisen.

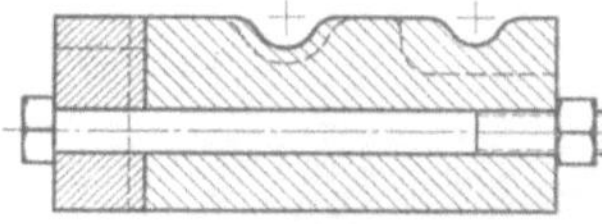

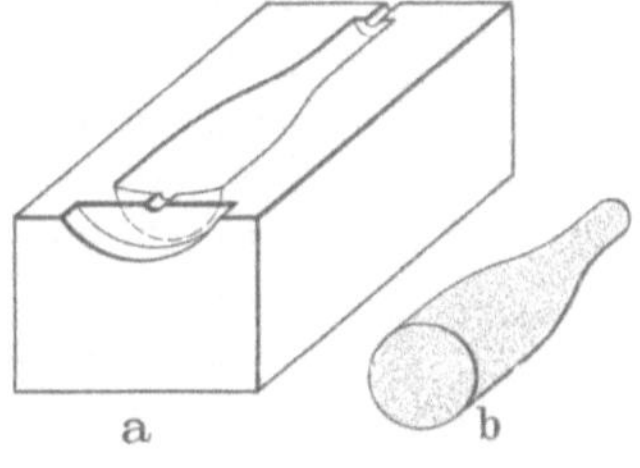

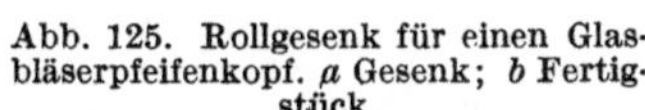

Abb. 125. Rollgesenk für einen Glasbläserpfeifenkopf. *a* Gesenk; *b* Fertigstück.

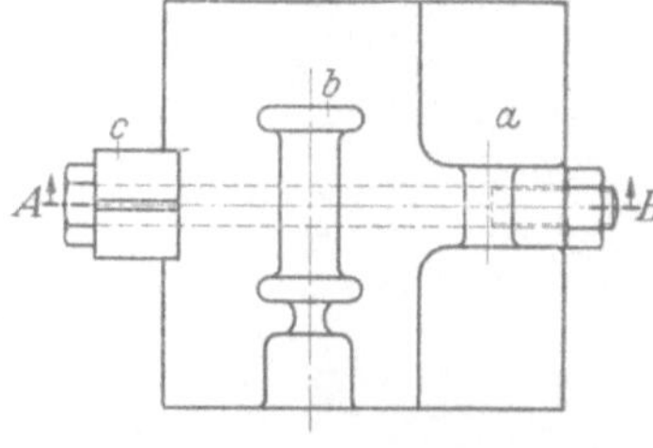

Abb. 126. Herstellung einer Rolle. *a* Vorrollgesenk; *b* Fertigrollgesenk; *c* Messer.

38. Das Biegen. a) Das Biegen vor dem Gesenkschmieden. Liegt die Ebene der Biegung senkrecht zur Schlagrichtung, fällt sie also mit der Teilungsebene des Gesenkes zusammen, wie z. B. in Abb. 128, so biegt man meist vorteilhafter beim Vorschmieden, um ein Beschädigen des sauber geprägten Querschnittes zu vermeiden: sonst müssen die Werkstücke meist nachgeschlagen werden.

Alle Biegungen in anderen Ebenen werden zweckmäßiger nach dem Schlagen ausgeführt. Wird für ein Werkstück die Teilungsebene für Unter- und Obergesenk bestimmt, so ist auf seine Biegung Rücksicht zu nehmen und stets die unvorteilhafteste Biegung in die Teilebene zu legen. Die unvorteilhafteste Biegung ist aber diejenige, bei der sich nach dem Schlagen die größte Verformung ergibt. Ist man nun gezwungen, nach dem Schlagen zu biegen, so ist jedenfalls für diese Biegungsstelle der elliptische Querschnitt *I* (Abb. 129) dem T- und U-förmigen *II* vorzuziehen. In solchen Fällen ist auch stets der gerade Stab *I* (Abb. 130) an der äußeren Biegungskante bei *a* (*II*) entsprechend zu verstärken, damit die Dicke *b* trotz des Biegungsverlustes erhalten bleibt (*III* und *IV*).

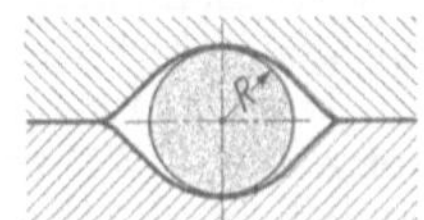

Abb. 127. Rollform.

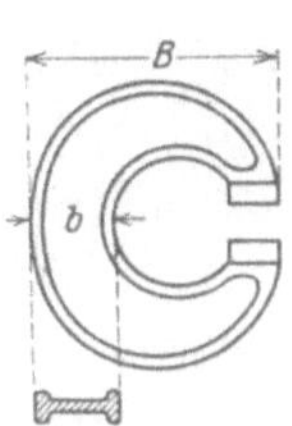

Abb. 128. Rachenlehre.

Abb. 129. Biegungsquerschnitte. I, II verschiedene Profile.

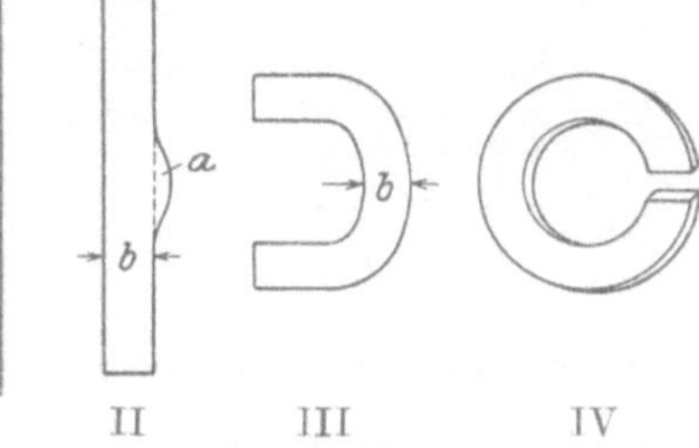

Abb. 130. Verstärkung an der Biegestelle. I, II, III, IV Fertigungsstufen.

Beispiele. Die Rachenlehre Abb. 128 kann auf verschiedene Weise geschmiedet werden. Entweder wählt man einen Rohstoff von der Breite *B*, schlägt ihn unmittelbar ins Gesenk, gratet die Vorform außen und innen ab und schlägt sie nach, oder man wählt einen Rohstoff von einer Breite etwas kleiner als *b*, biegt ihn entweder auf der Biegemaschine oder im Gesenk unter dem Hammer vor (Abb. 130) und schlägt diese Vorform dann ins Gesenk. Im zweiten Falle wird viel Rohstoff gespart, allerdings muß mehr Lohn für das Vorschmieden gezahlt werden, aber nur scheinbar; denn man kommt beim Gesenkschmieden mit weniger Schlägen und meist auch mit einmal weniger Entgraten aus, da der Stoffüberschuß geringer ist. Also kann eine größere Stückzahl ausgebracht werden, und nebenbei werden Gesenke und Schnitte geschont. Wenn man sich für das Vorschmieden einigermaßen einrichtet, so erzeugt man mit 2 Mann in 8 Stunden wenigstens 300 Stück, ebensoviel schlägt ein Fallhammer aus und gratet eine Presse ab.

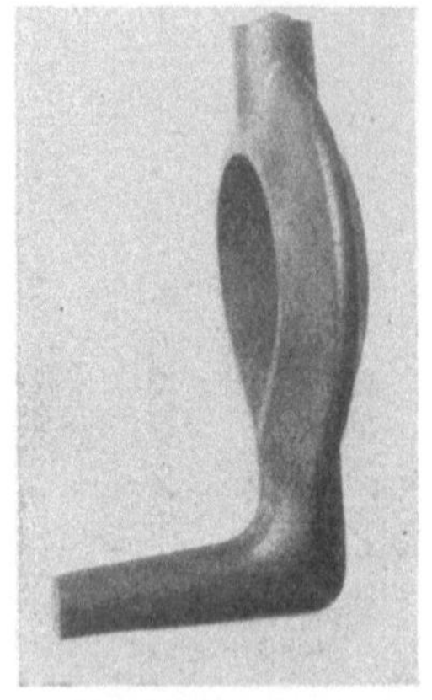

Abb. 131. Drehherz.

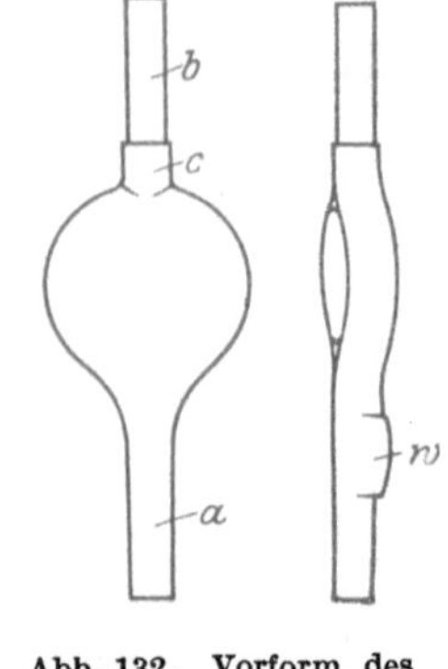

Abb. 132. Vorform des Drehherzes. *a* Schwanz; *b* Zangenende; *c* Kopf; *w* Wulst.

Im anderen Fall, beim Schmieden aus dem Vollen, macht der Hammer zu derselben Zeit nur 100 Stück. Dabei ist die Abgratpresse nicht voll beschäftigt, und so wird das Stück mindestens ebenso teuer, dazu werden die teueren Gesenke noch besonders stark beansprucht. Das gilt jedoch nur für größere Abmessungen der Rachenlehren. Für kleinere lohnt das Biegen nicht, so daß man doch vorzieht, sie gleich ins Gesenk zu schlagen.

Drehherz (Abb. 131). Aus Rund- oder Flachstange wird zunächst die Vorform Abb. 132 von Hand geschmiedet, indem der Schwanz *a* und das Zangenende *b* unter einem schnell schlagenden Luft- oder Schwanzhammer ausgereckt werden und auch der Kopf *c* abgesetzt wird. Dann wird das Rohstück ins Vorgesenk geschlagen, wobei der Schwanz zunächst gerade bleibt und eine Wulst *w* (Abb. 132) bekommt, die als Vertiefung im Untergesenk angebracht ist. Nach dem Abgraten der äußeren Form mit einem üblichen Schnittwerkzeug (vgl. Abb. 4) wird die Lochwand mit dem Führungsschnitt Abb. 133 ausgestoßen und der Schwanz von Hand oder unter der Presse gebogen (Abb. 134). Dann wird das

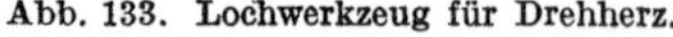

Abb. 133. Lochwerkzeug für Drehherz.

Abb. 134. Biegevorrichtung für Drehherz.

Drehherz im Fertiggesenk Abb. 135 über den Dorn geschlagen, dadurch sauber und genau und schließlich nochmals mit dem Schnitt Abb. 135 abgegratet.

Kurbelwelle für Automobilmotor (Abb. 136). Die dreifach gelagerte Welle besteht aus legiertem Stahl. Ein Knüppel von quadratischem oder rundem Querschnitt und berechneter Länge (Abb. 136 a) wird zunächst im Vorschmiedegesenk Abb. 137 unter der hydraulischen Presse gebogen. Die Gesenkbacken werden meist mit Flansch am Preßtisch bzw. am Preßholm befestigt. Bei diesem Vorbiegen ist ein Strecken der Wangen und daher

Abb. 135. Fertiggesenk und Abgratwerkzeug.

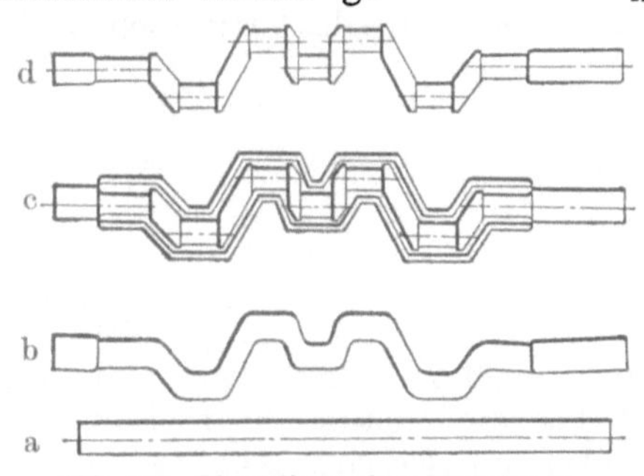

Abb. 136. Herstellung einer Kurbelwelle. a, b, c, d Fertigungsstufen.

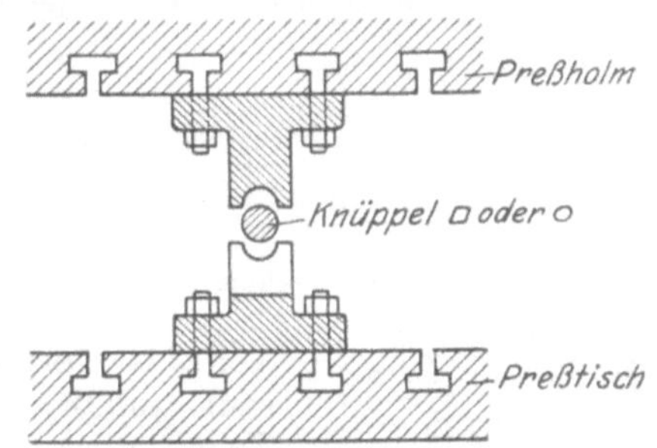

Abb. 137. Biegevorrichtung zur Kurbelwelle Abb. 136.

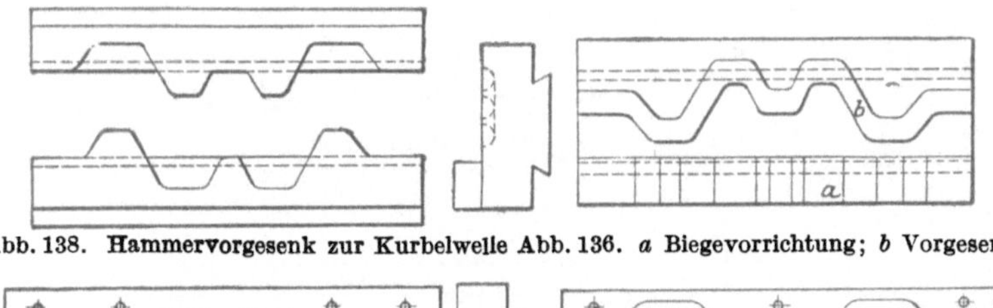

Abb. 138. Hammervorgesenk zur Kurbelwelle Abb. 136. *a* Biegevorrichtung; *b* Vorgesenk.

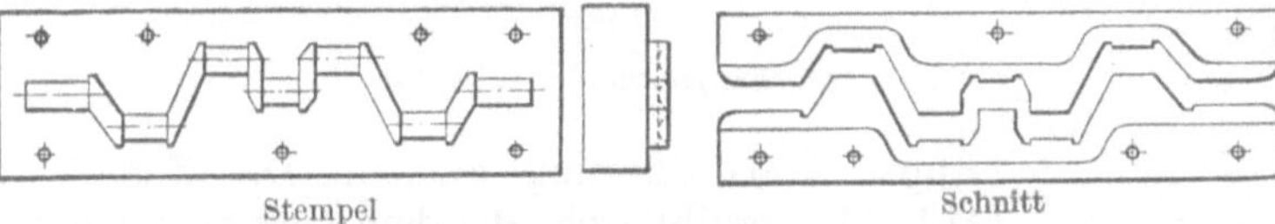

Abb. 139. Abgratwerkzeug zur Kurbelwelle Abb. 136, Stempel und Schnitt.

eine Querschnittsverminderung nicht zu vermeiden. Folglich muß der Knüppelquerschnitt so groß sein, daß die Wangen nach dem Biegen noch stark genug sind, um im Gesenk die richtige Form zu ergeben. Der vorgebogene Rohstoff wird dann auf die vorgeschriebene Höchsttemperatur erhitzt und geht in das Vorgesenk *b* (Abb. 138). Die Benutzung dieses Gesenkes zum Biegen (*a*) ist bei Massenfertigung nur dann üblich, wenn z. B. nur ein schwerer Hammer zur Verfügung steht; sonst wird viel einfacher und schneller auf der dampfhydraulischen Presse vorgebogen. Die vorgeschlagene Kurbelwelle wird jetzt abgegratet (Abb. 139) und meist wieder erwärmt, um einen Schlag in dem Fertiggesenk Abb. 140 zu erhalten. Nach nochmaligem Abgraten ist sie fertig, bis auf das Verdrehen der Kurbeln gegeneinander. Die Kurbelwangen Abb. 136d werden heute meist roh ohne weitere Bearbeitung ausgeführt.

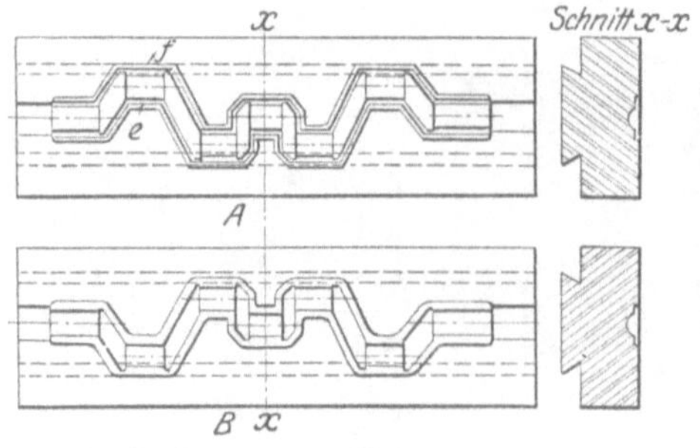

Abb. 140. Fertiggesenk. *A* Obergesenk; *B* Untergesenk; *e* u. *f* Gratflächen.

Automobilvorderachse mit einfachem und gegabeltem Kopf. Nach dem Vorschmieden der Achse Abb. 141 werden im kleinen Vorgesenk Abb. 142 die Federteller ausgeprägt, da alle Rippen und vorspringenden Teile, wenn sie nicht quer zur Schlagrichtung liegen, vor dem Schlagen im Fertiggesenk vorgearbeitet werden müssen. Darauf wird vorgebogen (Abb. 143) und jedes Ende für sich im Teilgesenk Abb. 144 fertiggeschlagen. Die Länge des fertiggeschlagenen

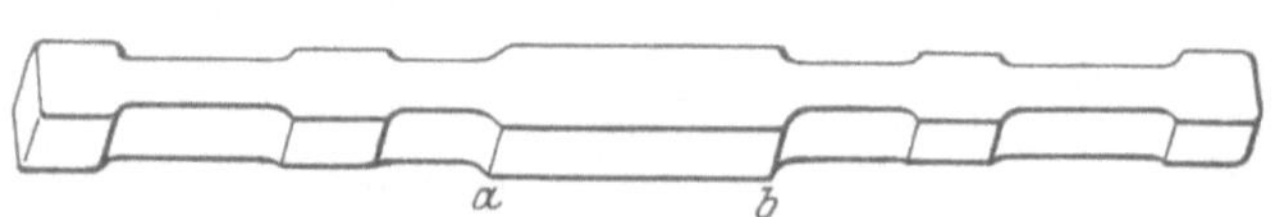

Abb. 141. Vorform für Autoachse.

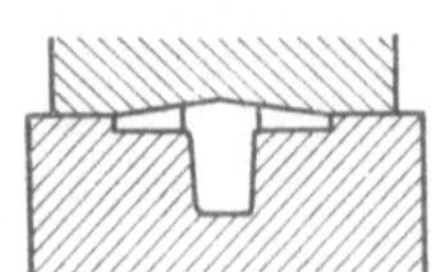

Abb. 142. Vorgesenk für Federteller.

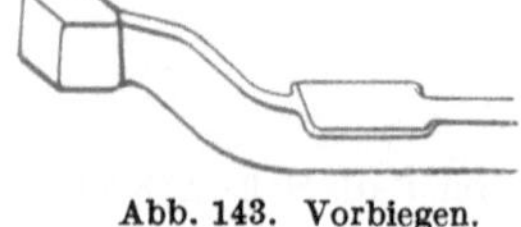

Abb. 143. Vorbiegen.

Teiles ist vorteilhaft so groß zu wählen, wie es das Gesenk zuläßt, damit für die weitere Bearbeitung des Teiles *a—b* (Abb 141) im Gesenk Abb 145 bereits die vorgearbeiteten Enden *d* (Abb. 144) hinter den

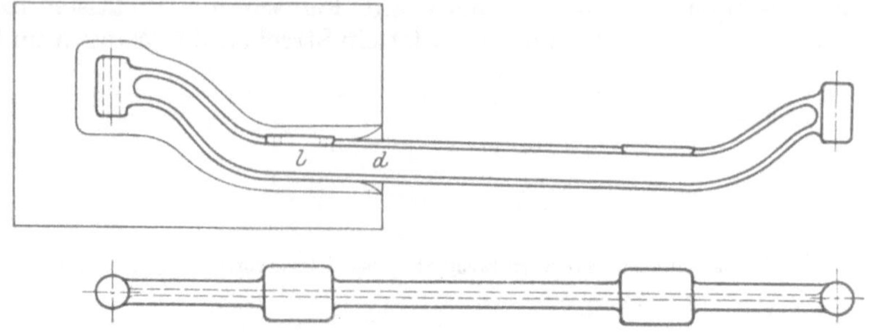

Abb. 144. Fertigform der Autoachse.

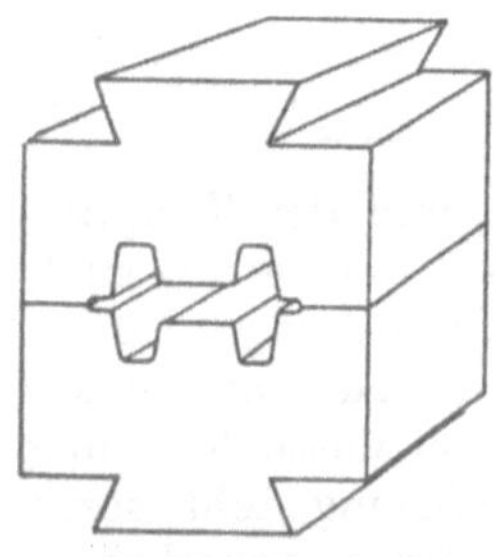

Abb. 145. Gesenk für Mittelstück der Achse.

Lappen *l* als Führung dienen. Die Zugabe von *a—b* (Abb. 141) ergibt sich aus dem Gesamtgewicht des Rohstückes mit Grat und Abbrand. Große Schmieden schmieden die Achse in einem Vollgesenk durch Vor- und Nachschlagen. Dadurch wird natürlich eine große Gleichförmigkeit der Ware erzielt, und das lästige Aus- und Nachrichten unterbleibt bzw. wird stark gemindert.

Die Gabelachse Abb. 146 wird auf dieselbe Weise hergestellt, nur muß man den Werkstoff beim Vorschmieden in der Form I (Abb. 147) bei *e—f* einkehlen, die Form *a—b* herunterschmieden zur Form *g—h* (II), bei *f—i* warm einsägen, den oberen Schenkel III abbiegen, ausschmieden und zurückbiegen.

Der Hebel Abb. 148 wird von der Stange geschmiedet, in einem einzigen Gesenkblock vorgereckt, gebogen und fertiggeschmiedet.

b) Das Biegen im Gesenk. Liegt die Biegung nicht in der Gesenkebene, so muß in fast allen Fällen das Formstück nach dem Schlagen in einem besonderen Biegegesenk die endgültige Form erhalten.

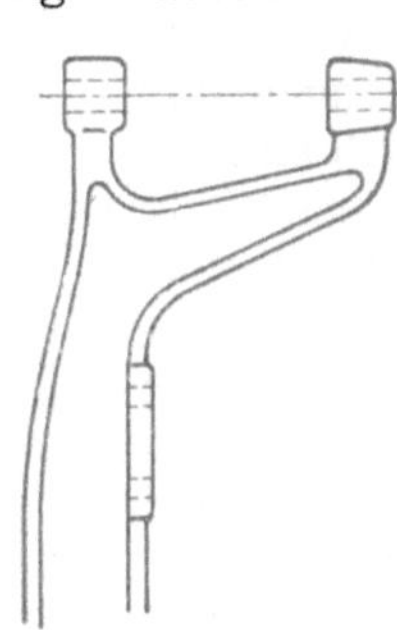

Abb. 146. Gabelform der Achse.

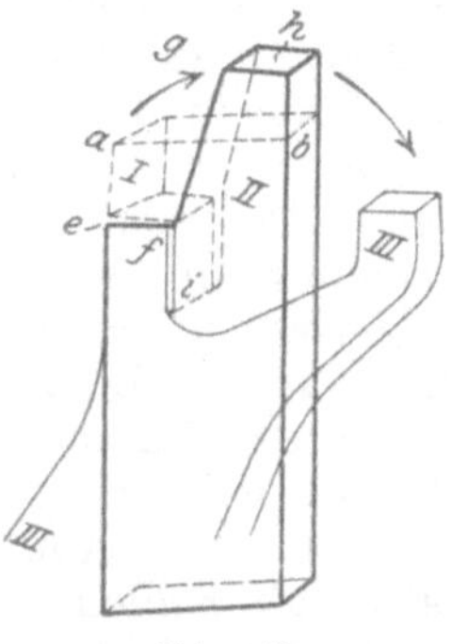

Abb. 147. Vorform der Gabelung.

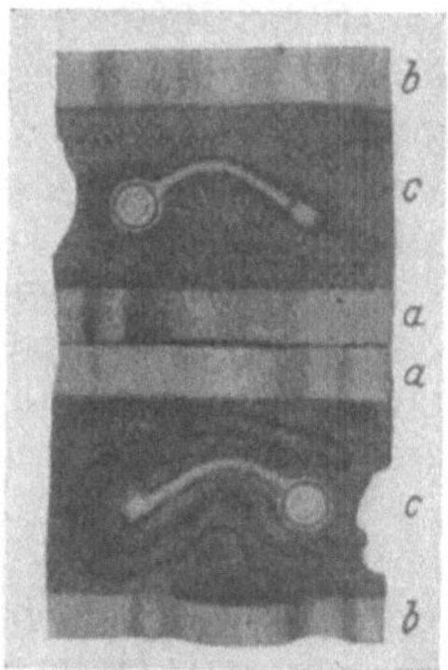

Abb. 148. Gesenk eines gebogenen Hebels. *a* Reckform; *b* Biegeform; *c* Fertigform.

Ein Beispiel für das Biegen in einer Ebene ist der ältere vierbeinige Pufferkorb der Eisenbahnfahrzeuge (Abb. 149), der aus Stahl von 45 kg/mm² Festigkeit geschmiedet wird. Ein abgesägtes Knüppelende von 125 × 125 mm² Querschnitt, 18···20% schwerer als das fertige Stück, wird im Gesenk Abb. 150 vorgeschlagen ($d_1 \times h_1 \approx d \times h$), so daß das Werkstück die Form von Abb. 151 erhält (1. Hitze: 750-kg-Dampfhammer oder Presse). Darauf werden die beiden Enden nach Abb. 152 ausgestreckt, wobei in den Stärkeverhältnissen der verschiedenen Querschnitte auf die nachfolgenden Biegungen bei *a* und *b* in der Weise Rücksicht zu nehmen ist, daß auf der Außenseite der Biegung Werkstoff zugegeben wird (2. und 3. Hitze: 500-kg-Dampfhammer). Der so ausgestreckte Teil wird bei *l* gelocht und von *s* aus mit der Warmsäge geschlitzt, aufgebogen und ins Gesenk Abb. 153 geschlagen (4. Hitze: 100-kg-Dampfhammer). Auch bei der Form dieses Gesenkes ist auf die spätere Biegung bei *a* und *b* Rücksicht zu nehmen. Das fertiggeschlagene Formstück Abb. 154 wird abgegratet und wan-

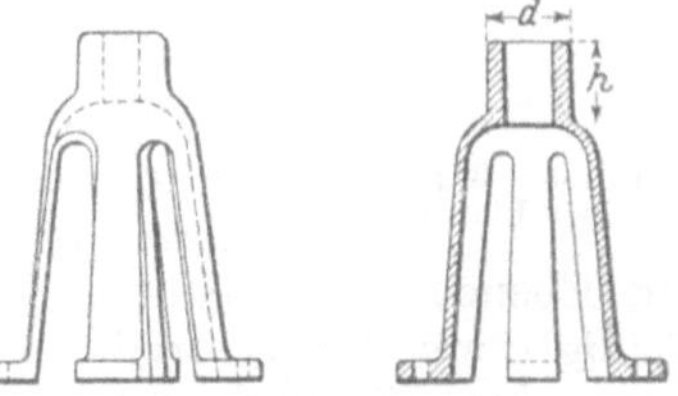

Abb. 149. Pufferkorb.

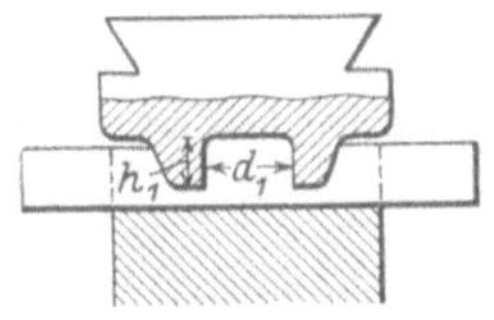

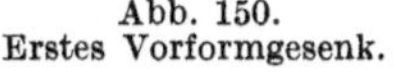

Abb. 150. Erstes Vorformgesenk.

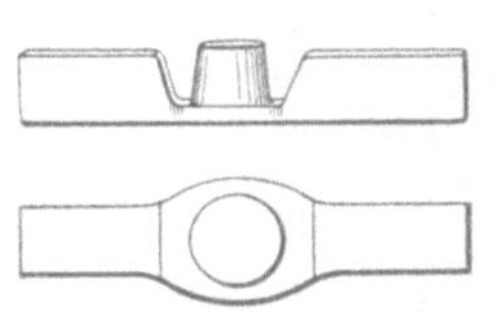

Abb. 151. Erste Vorform zu Abb. 149.

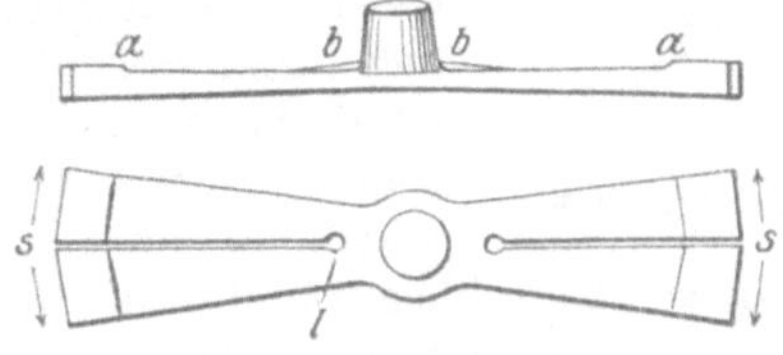

Abb. 152. Zweite ausgereckte Vorform zu Abb. 149.

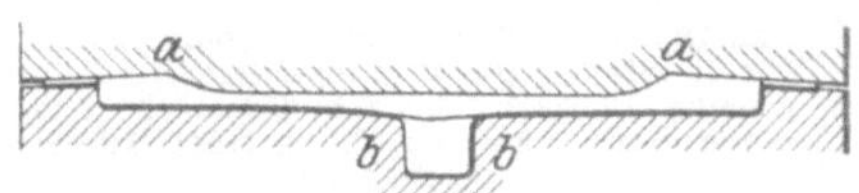

Abb. 153. Zweites Vorformgesenk.

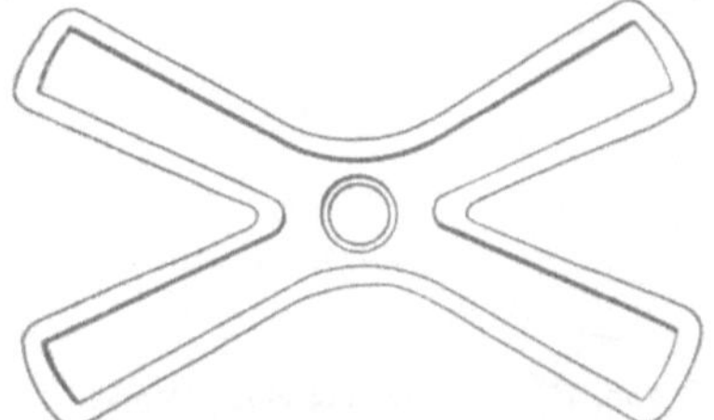

Abb. 154. Dritte Vorform.

dert unter die Presse (150-t-Presse) zum Vorbiegen der Pratzen Abb. 155. Schließlich kommt es in schweißwarmem Zustande in das Biegegesenk Abb. 156 (5. Hitze: 1000-kg-Dampfhammer oder Presse). Das Werkstück muß hier sehr genau in die Mitte des Unterteils gebracht und das Oberteil genau auf das Schmiedestück gesetzt werden, damit die Füße in die Vertiefungen des Oberteils passen. Deshalb nimmt man dieses nach einigen Hammerschlägen wieder ab und untersucht die Richtigkeit der Lage, ehe man den Hammer mit Volldampf arbeiten läßt. Ein angenähertes Vorbiegen ist deshalb sehr zu empfehlen. Hammer und Pressen brauchen für diese Arbeit sehr großen Hub, aber der Hammer hat sich dafür noch am besten bewährt. An den Füßen entsteht beim Fertigschlagen noch ein kleiner Grat (Abb. 156), der mit Meißel und Hammer oder mit Schleifscheibe entfernt werden muß, da durch Schnittvorrichtungen leicht Verbiegungen eintreten. In der Massenfertigung wird für jeden Arbeitsgang ein Hammer (oder Presse) eingerichtet. Man fertigt 45 Körbe in 10 Stunden. Heute werden diese Pufferkörbe meist gepreßt oder auch aus Stahl gegossen.

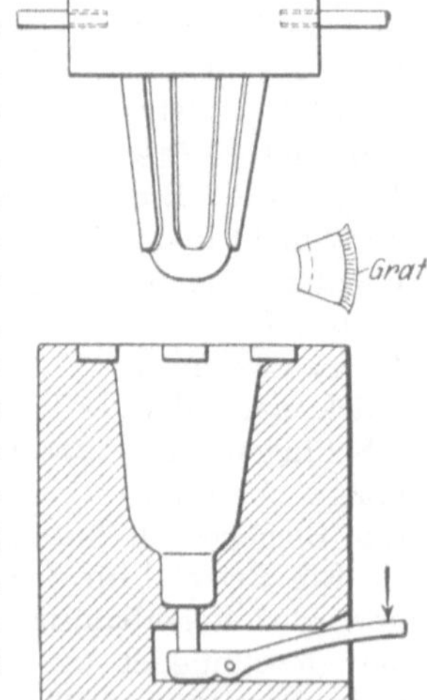

Abb. 156. Biegegesenk der Pufferarme.

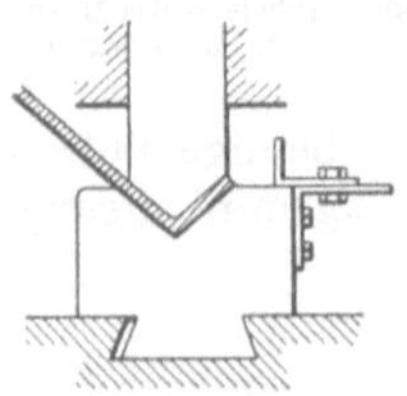

Abb. 155. Biegegesenk der Pratzen.

Beispiel für das Biegen in zwei Ebenen: Oft liegen Biegungen in zwei parallelen oder auch nichtparallelen Ebenen. Die Stütze Abb. 157 wird zweckmäßig doppelt hergestellt. Die Gesenkteilung ist nach Abb. 158 durchzuführen. Dabei ist zu beachten, daß die Winkel α und β nicht rechtwinklig, sondern mit wenigstens 110° durchzuführen sind, da sich die Stücke sonst nicht abgraten lassen. Bei gebogenen Gesenkschmiedestücken ist die Frage des Abgratens stets besonders zu beachten und in ungünstigen Fällen lieber erst gestreckt zu schlagen und dann zu biegen.

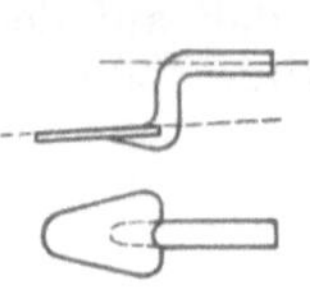

Abb. 157. Stütze.

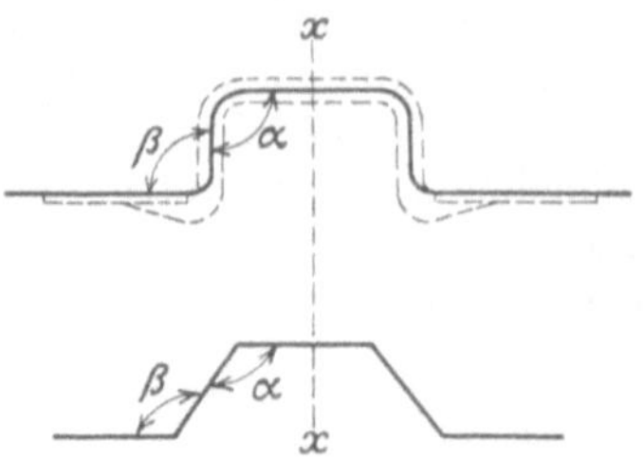

Abb. 158. Doppelschmiedung der Stütze.

Herstellung eines Rades mit Doppelkranz. Diese Räder werden ihrer Form wegen gegossen, man kann sie aber auch im Gesenk schmieden. Abb. 159 zeigt die einzelnen Arbeitsstufen und den entstehenden Abfall[1].

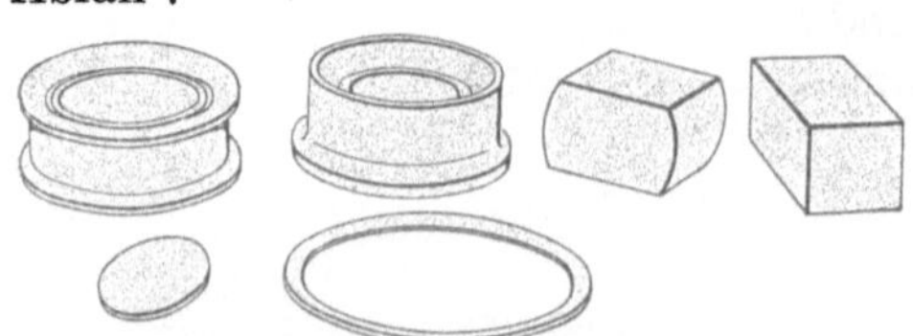

Abb. 159. Herstellung eines Doppelflanschrades.

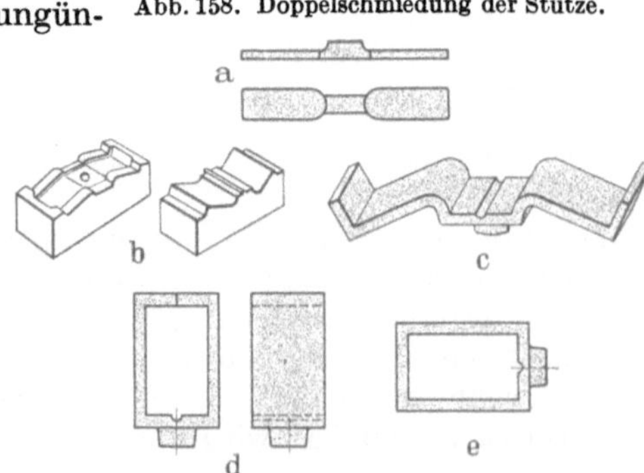

Abb. 160. Herstellung eines Federbundes. *a* Ausrecken von der Stange (60 mm Durchmesser); *b* Fallhammergesenk; *c* abgegratetes Schmiedestück; *d* unter Exzenterpresse gebogen (*c*, *d* in einer Hitze); *e* fertig geschweißt.

[1] Ausführliche Beschreibung siehe Treat. & Forg. Jg. 1937 Seite 118.

c) Das Biegen nach dem Gesenkschmieden ist einfacher und billiger und genügt oft den Ansprüchen. Ein Beispiel hierfür ist die Herstellung eines Federbundes (Abb. 160). Biegearbeiten werden auch gern in der Waagerechtbiegemaschine ausgeführt (Abb. 161).

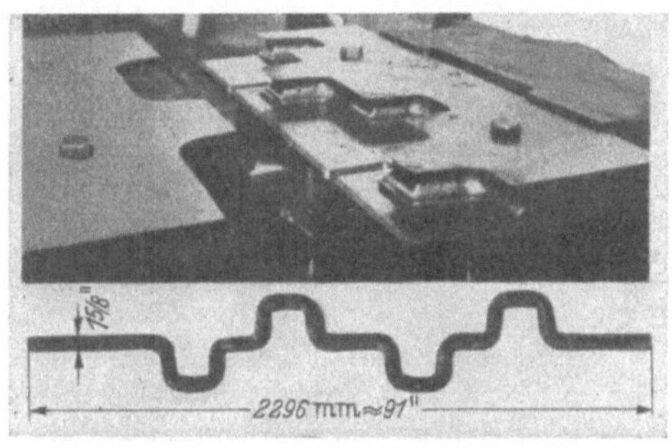

Abb. 161. Biegen einer Kurbelwelle auf Biegemaschine (Bauart Hasenclever).

39. Das Falten (Entfalten). Die kleinen Massenartikel machen dem Techniker die größte Sorge, nicht die großen massigen Maschinenteile. Da hilft das Falten oft über viele Schwierigkeiten hinweg. Bei der Stütze mit zwei Armen (Abb. 162) verfällt der Schmied leicht auf das Querschweißen. Dieses soll man in der Schmiede nur dort anwenden, wo es nicht zu umgehen ist. Denkt man sich die Stütze zusammengefaltet nach III, so kann man sie aus Rund- oder Vierkantstahl (I) vorschmieden, Zapfen und Bund im einfachen Gesenk vorschlagen und den Oberteil breiten und strecken (II), so daß der Rauminhalt von V mit etwas Überschuß in dieser Vorform enthalten ist.

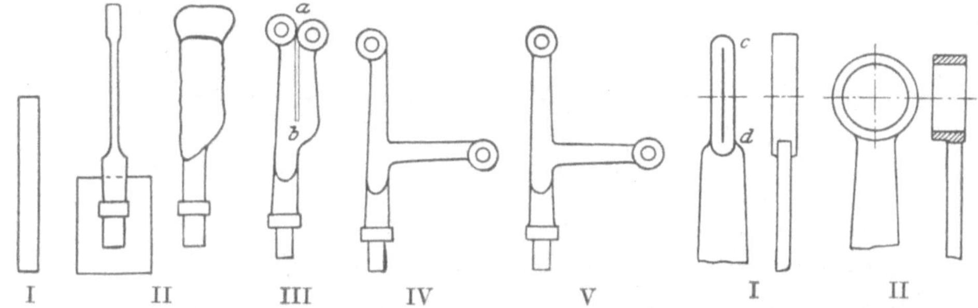

Abb. 162. Schmieden einer Stütze mit zwei Armen. I···V Fertigungsstufen. Abb. 163. Schmieden eines Ohres. I u. II Fertigungsstufen.

Wenn man nun den Oberteil im Gesenk schlägt, abgratet und noch warm auf der dünnen Kreissäge nach *a—b* (III) schlitzt, nach Vorschrift gemäß IV biegt und die Köpfe in kleinem Gesenk nachschlägt, so erhält man die vollendete Form V.

Das Ohr Abb. 163 schlägt man nach I im Gesenk vor, schlitzt es bei *c—d* auf der Presse (Abb. 164) und weitet es mit dem Dorn *D* (Abb. 165) auf. Um ihm die genau runde Form zu geben, kann man es auf derselben Presse, nachdem man es durch den Dorn von der Form *1* (Abb. 165) in die Form *2* gebracht hat, gleichzeitig in das Gesenk *3* pressen oder mit dem Dorn zusammen in ein passendes Gesenk schlagen (Abb. 166).

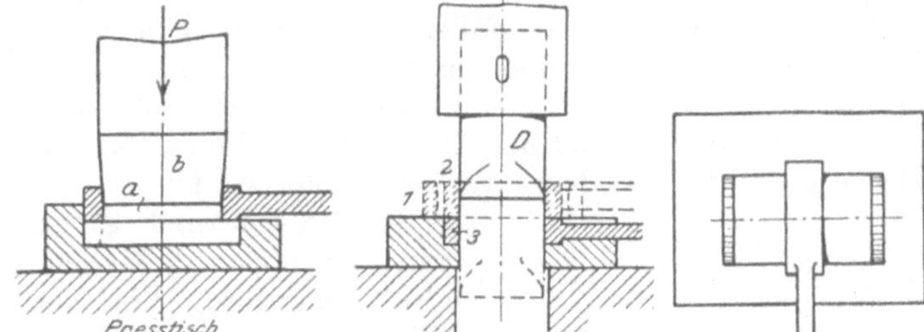

Abb. 164. Schlitzen des Schmiedestückes. *a* und *b* keilförmige Messer. Abb. 165. Aufweiten des Schlitzes. *D* Dorn. Abb. 166. Fertiggesenk für das Ohr Abb. 163

Der Federbund Abb. 167 wird in seiner Form I zunächst im Gesenk vorgeschmiedet, dann unter Hammer oder Presse aufgeschlitzt, nach Form II aufgetrieben und nach Form III gerichtet. Die Bremswelle Abb. 168 wird nach a vorgeschmiedet, dann nach b gesenkgeschmiedet und nach c aufgebogen.

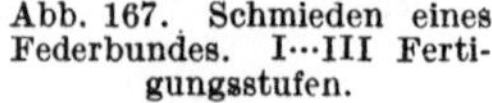

Abb. 167. Schmieden eines Federbundes. I···III Fertigungsstufen.

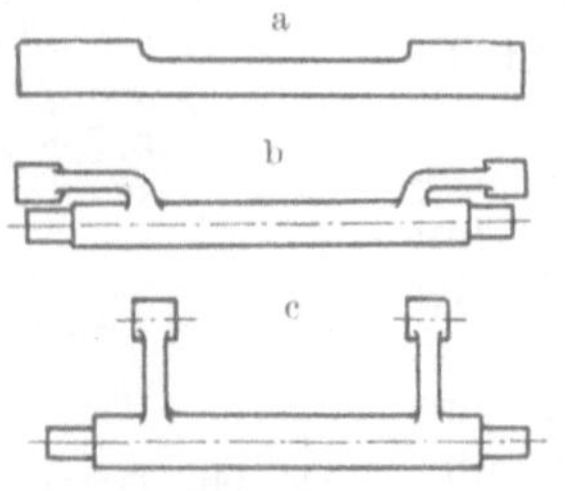

Abb. 168. Schmieden einer Bremswelle. a···c Fertigungsstufen.

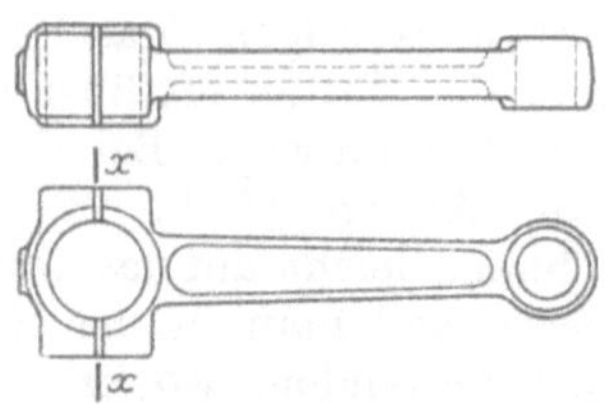

Abb. 169. Pleuelstange mit Deckel zusammengeschmiedet. x–x Trennstelle.

40. Das Lochen im Gesenk. Beim Einpressen eines Dornes in den knetbaren Rohstoff entsteht am Ende des Hubes ein Boden oder Grat oder eine Wand (Abb. 170, 171 u. 131), weil der zurückbleibende Werkstoff durch Wärmeabgabe so fest

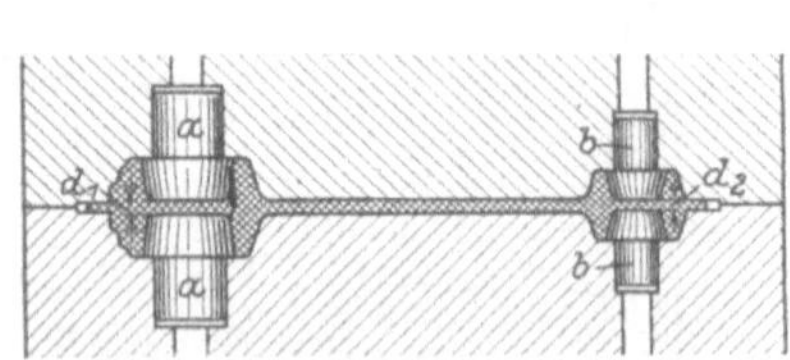

Abb. 170. Gesenk zu Abb. 169. a und b eingesetzte oder ausgearbeitete Dorne: d_1 und d_2 Bodendicke mindestens doppelte Gratstärke.

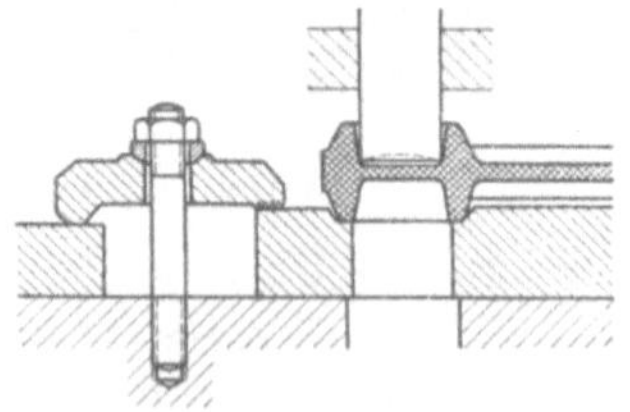

Abb. 171. Ausstoßen des Lochgrates von Abb. 170.

wird, daß er nicht mehr weggequetscht werden kann. Diese Wand muß herausgestanzt werden (Abb. 133 u. 171). Der Lagerdeckel wird nachher bei x—x (Abb. 169) abgesägt.

Man dornt solche Werkstücke vor, um Rohstoff sparen und den Querschnitt möglichst klein wählen zu können, wodurch wiederum das Vorschmieden vereinfacht und in manchen Fällen ganz entbehrlich wird. Ferner wird durch das Vordornen der Drang besser ausgebildet und eine schärfere Ausprägung der Form erzielt. Jedoch ist vor einer zu weitgehenden Vorlochung zu warnen, da bei zu dünnen Wänden d_1 und d_2 (Abb. 170) der Werkstoff kalt und fest wird und die Dorne unter Umständen sogar gestaucht werden.

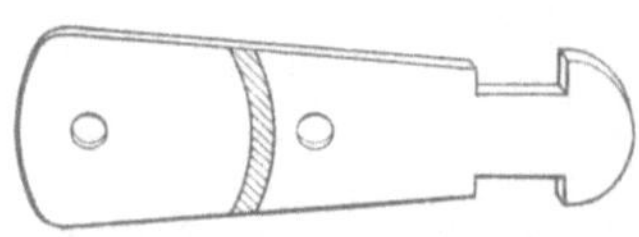

Abb. 172. Feder zum Befestigen von Hämmern, Äxten und Picken am Stiel.

41. Pressen und Ziehen. Beim Pressen muß man dem herzustellenden Gegenstand eine sorgfältig gewählte Vorform geben. Die Feder Abb. 172 wird kalt ausgestanzt und mit einem Druck gratlos warm fertiggepreßt. Mit der Breitung nach dem einen Ende verjüngt sich der Querschnitt.

Man kann kleinere Hülsen mit Wandstärken von 3···4 mm unmittelbar pressen. Bei größeren Hülsen preßt man gewöhnlich, um genaue, dünne Wandstärken zu erlangen, mit einer senkrechten oder waagerechten hydraulischen

Presse, mit Kurbel- oder Spindelpresse einen Block (Rohling) vor (Abb. 173) und zieht die so entstehende Hülse in derselben Hitze auf einer waagerechten hydraulischen (Abb. 174 u. 175) oder auf einer Spindelpresse nach. Man benutzt Ziehringe aus Hartguß, die nur außen — zum Einpassen in den etwas kegeligen Ziehringhalter — und in der Bohrung genau auf Maß geschliffen werden, oder auch allseitig bearbeitete Edelstahlziehringe und zieht mit einem Hub durch alle drei Ziehringe K_1—K_2—K_3. Die Gesenkbüchse wird zur Öffnung um etwa 1 % kegelig erweitert, der zylindrische oder wenig kegelige Dorn ist bei Hubende sofort zurückzuziehen, sonst schrumpft die erkaltende, gedornte Hülse schnell auf. Dann greift man mit einer Lochzange (Abb. 60) in die Öffnung des Preßstückes und hebt es heraus. Abstreifer und Ausstoßer wirken bei Massenfertigung selbsttätig.

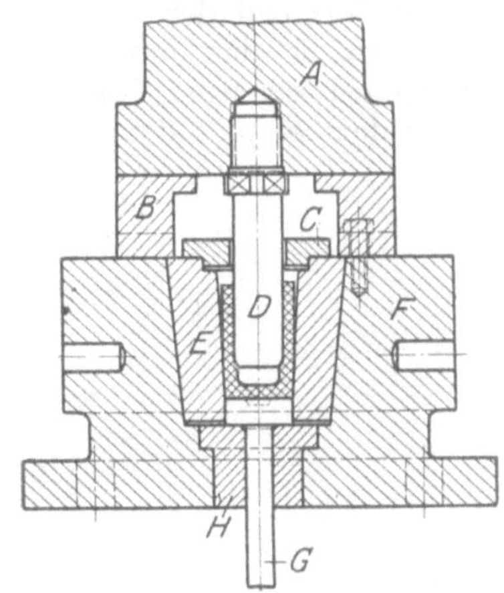

Abb. 173. Dornen auf senkrechter hydraulischer Presse.
A Dornhalter, *B* Aufsatzstücke, *C* Abstreifer, *D* Dorn, *E* Gesenkbüchse, *F* Gesenkhalter, *G* Ausstoßer, *H* Grundbüchse.

Die Dornkopfform ist gewöhnlich durch die Bodenform der Büchse, wenn diese nicht bearbeitet werden soll, gegeben (z. B. Form I und II in Abb. 176). Dabei muß man natürlich den größeren Preßdruck in Kauf nehmen. Die beste Kopfform für den Dorn

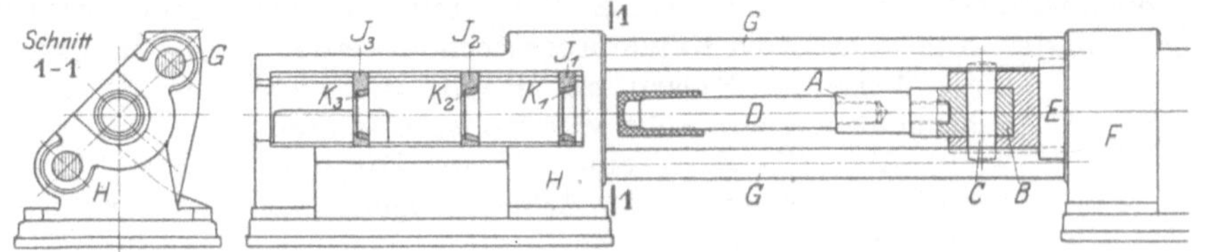

Abb. 174. Ziehen auf waagerechter hydraulischer Presse.
A Dornhalter, *B* Schwenkkopf, *C* Bolzen, *D* Dorn, *E* Preßplunger, *F* Preßzylinder, *G* Säulen, *H* Bett, *J* Halter, K_1, K_2, K_3 Ziehringe.

ist diejenige, die sich dem Wege des fließenden Werkstoffes anpaßt (Abb. 177 a). Ein Dorn nach b zeigt nach einigen Pressungen die Form c, doch reißt er infolge Ermüdung gewöhnlich schon, bevor er diese Form angenommen hat.

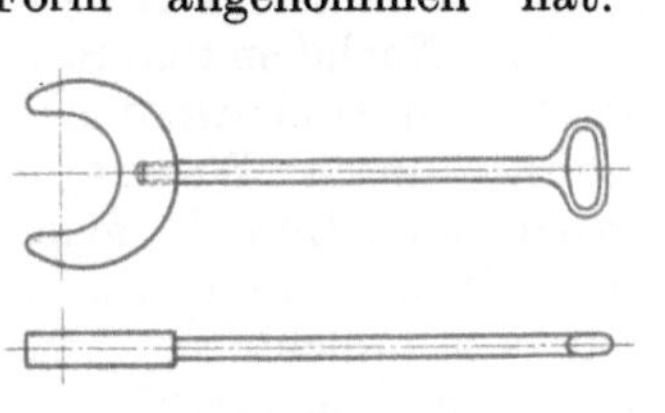

Abb. 175. Abstreifer für Ziehpresse Abb. 174.

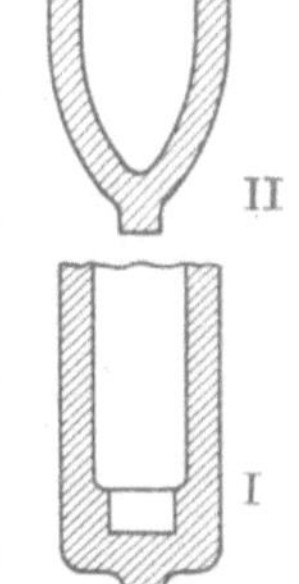

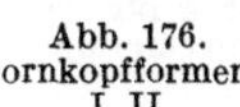

Abb. 176. Dornkopfformen. I, II.

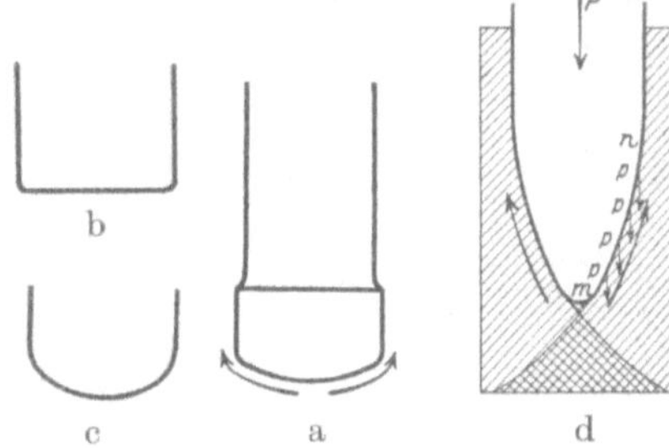

Abb. 177. Preßdornformen a···d.

Soll also die Form b im Hohlkörper ohne spätere Nacharbeit erzeugt werden, so sind sehr oft die Dorne auszuwechseln, was meist teurer wird als das Nachdrehen der Bohrung des Stückes. Ein Dorn nach a braucht auch den geringsten Druck, und zwar etwa 15···25 kg/mm² bei einem Rohstoff von 60 kg/mm² Festigkeit und 1100° Temperatur; den höchsten Druck bis 45 kg/mm² braucht unter denselben Bedingungen die Dornform d, während der Druck für die Kopfform b dazwischen liegt. Der große Preßdruck bei der Form d erklärt sich aus dem großen Fließwiderstand entlang der langen kegeligen Fläche *m*—*n*. Vorteilhaft für den Kraftverbrauch ist es, hinter dem Kopf a den Schaft um 0,5⋯0,75 mm dünner zu drehen, um die Reibung des aufsteigenden Stoffes zu verringern.

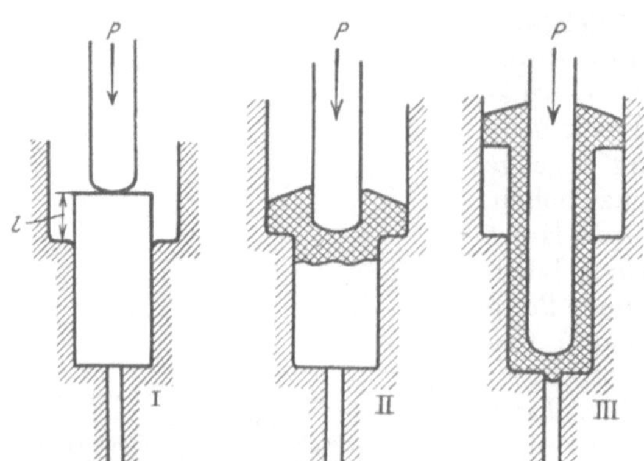

Abb. 178. Stauchen und Pressen von Hülsen mit Kopfrand. I—III Fertigungsstufen.

Beispiele für die Herstellung von Hohlkörpern. a) Will man eine Hülse mit Kopfrand (Abb. 178) pressen, so erweitert man das Gesenk oben auf den Durchmesser der gewünschten Kopfform. Die Stärke des Kopfrandes hängt von der vorstehenden Länge *l* des Werkstoffes ab. Beim Pressen wird erst die Länge *l* gestaucht und nach außen gedrängt (II), erst dann beginnt das Dornen, bei dem der Kopfrand nicht weiter an dem Fließvorgang teilnimmt, sondern nach oben verschoben wird (III). So entsteht die Randhülse mit etwas kegeliger oberer Fläche, die bei zylindrisch gewünschtem Rande abgestochen werden muß. Man kann auf diese Weise für Hülsen mit Rand, wie sie viel im Maschinenbau gebraucht werden, sehr viel Rohstoff sparen.

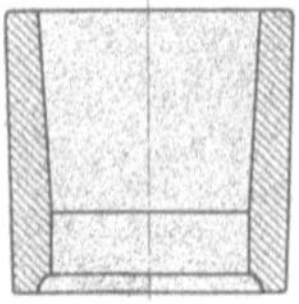

Abb. 179. Büchse.

b) Abb. 179 zeigt eine offene Büchse, hergestellt auf der Schmiedepresse in vier Arbeitsgängen: Vordruck, Fertigdruck, Abgraten, Lochen.

c) Geschoßhülsen und -köpfe. Bei langen dünnen Dornen (Abb. 178) sind nur Pressen am Platze, bei dicken kurzen Dornen Hämmer, wobei dem Dampfhammer der Vorzug vor dem Fallhammer zu geben ist wegen der schnell aufeinanderfolgenden Schläge. Die Geschoßkappe (Abb. 180) wird am saubersten unter dem Dampfhammer. Für diese Größe genügen 2⋯3 Schläge mit einem 750⋯1000 kg-Hammer (Lederstückchen ins Gesenk und in das Werkstück werfen). Nachdem fünf Stück geschlagen sind, werden sie schnell durch Wasser gezogen, ins Gesenk gelegt, etwas Wasser ins Werkstück gegossen (nicht zu viel) und ein Wasserschlag gegeben. Abb. 181 wird ebenso geschlagen wie Abb. 180, kommt aber noch einmal ins Feuer und wird von *a* nach *b* unter dem Fallhammer eingezogen.

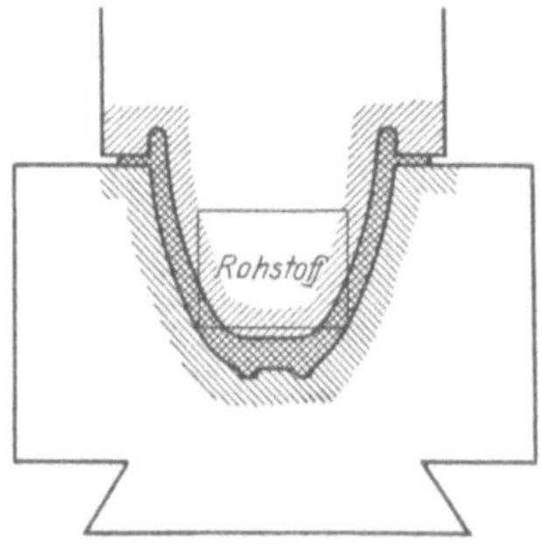

Abb. 180. Gesenk für Geschoßkopf oder -kappe.

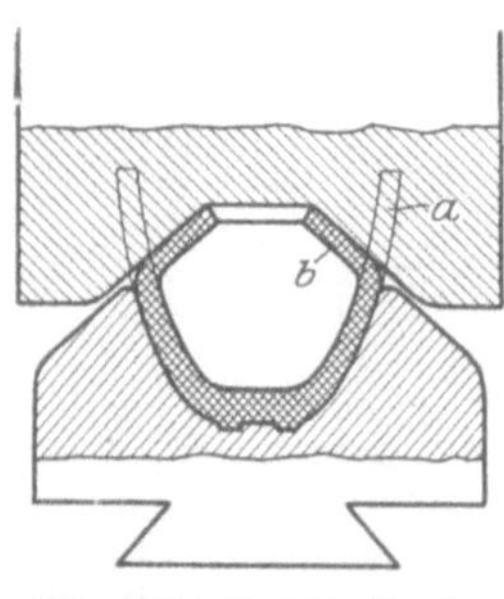

Abb. 181. Gesenk für Geschoßkopf (Tulpenform).

d) Einen Hohlkörper, wie z. B. Abb. 182 I, soll man möglichst so schmieden, wie Abb. 182 II zeigt, ohne Warze. Würde man mit Warze m—m (Abb. 182 III)

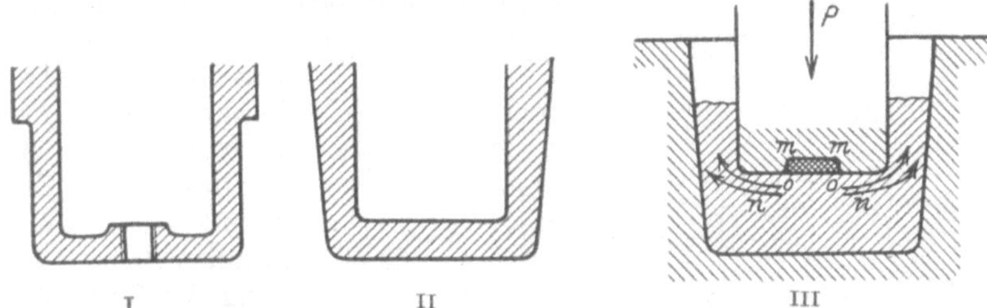

Abb. 182. Bodenform der Geschoßhülse. I fertig; II vorgepreßt; III ungünstiger Preßvorgang.

pressen, so würde diese, falls Vorschmieden nicht vorgesehen ist, meist unganz werden, d. h. sich in der Fläche o—o teilweise ablösen, weil der Werkstoff unter dem Dorn in der Richtung n—n fließt.

42. Das Ehrhardt-Verfahren (Abb. 183). Man wählt zur Herstellung einer Hülse vom Durchmesser D und der Länge l einen quadratischen Block von gleicher Länge l und der Diagonale D, so daß er gerade in den Kreis D hineinpaßt und der beim Pressen hineingedrückte Dorn den Werkstoff in die vier Kreisabschnitte f nach außen drängt. Daraus ergibt sich der Dornquerschnitt $F_d = 4f = D^2 \frac{\pi}{4} - s^2$. Es ist aber ein großer Irrtum, zu glauben, daß man hierbei Arbeit spare, die Staucharbeit ist sogar größer. Man nimmt heute auch Rundblöcke, um den Stauchvorgang zu verringern, oder sonst die etwas billigeren Spitzbogenknüppel (Abb. 184), jene im Durchmesser, diese in der Diagonale um so viel kleiner als den Gesenkdurchmesser, daß das Einlegen des warmen Werkstückes keine Schwierigkeiten macht, d. s. 1 ··· 1,5 mm bei kleineren, 2 ··· 2,5 mm bei großen Stücken.

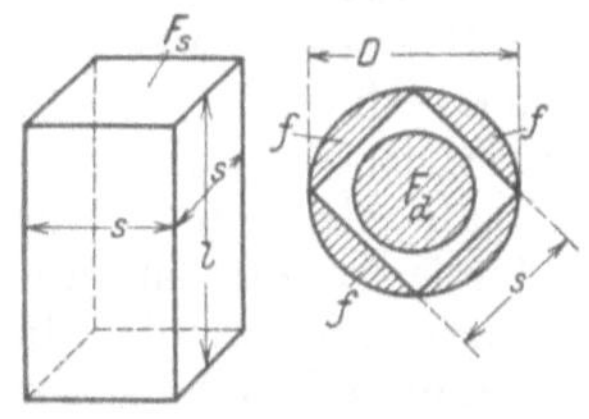

Abb. 183. Ehrhardt-Verfahren.

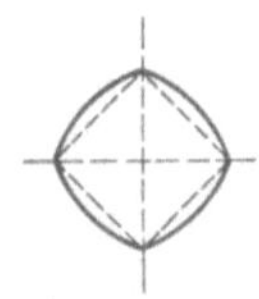

Abb. 184. Spitzbogenknüppel.

43. Das Spritzen wendet man oft bei Nichteisenmetallen, weniger für Stahl an[1], um verhältnismäßig lange und dünne Teile aus massigem Rohstoff herzustellen. Abb. 185 zeigt ein Stück A, das durch einen Druck P im Gesenk zu einem Schaft A ausgespritzt werden kann; in Abb. 186 ist das Anstauchen eines Kopfes an dem Schaft A dargestellt. Abb. 187 bringt dann die Verbindung von Stauchen und Spritzen.

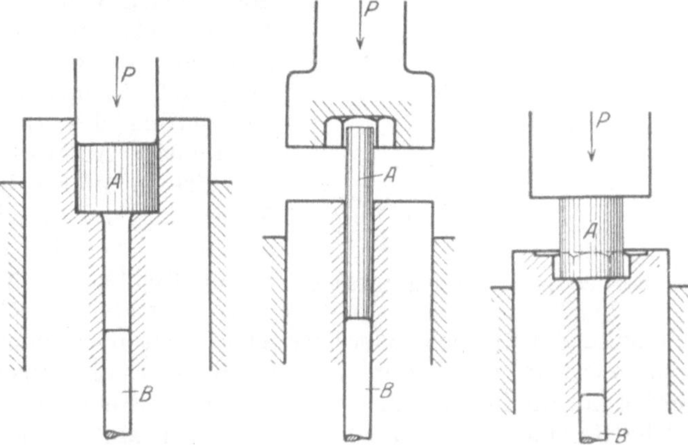

Abb. 185. Spritzen eines Schraubenbolzens. B Auswerfer.

Abb. 186. Stauchen des Kopfes zu Abb. 185.

Abb. 187. Stauchen und Spritzen eines Schraubenbolzens.

[1] Vgl. Werkstattbuch Heft 41, Pressen der Metalle.

An dem Doppelzünder Abb. 188 muß der Ringraum R mit einer Toleranz von weniger als 0,3 mm fertiggepreßt werden, weil die Rippe P für das Zündloch L eine nachträgliche Bearbeitung von R nicht gestattet. Er wird in drei Arbeitsgängen aus weichem Rundeisen vom Durchmesser des oberen Zapfens (I) hergestellt. 1. Arbeitsgang: Anschmieden des Zapfens Z im Rundgesenk auf dem Federhammer (II). 2. Arbeitsgang: Vorform (III) im einfachen Stauchgesenk gestaucht. (Bei Messing — mit schweren Pressen von 200 mm Spindeldurchmesser auch bei Eisen — kann man Rohlinge von Ballendicke von einer Stange absägen und beide Zapfen ausspritzen.) 3. Arbeitsgang: Fertigpressen (IV) wie beim Dornen von Hohlkörpern, nur daß hier der Dorn selbst auch ein Hohlkörper ist (Ringdorn D, Abb. 189), in den man die Kanalrippe P als Schlitz eingearbeitet hat. Das Gesenk Abb. 189 besteht aus dem Oberteil $B_1 B_2$ und dem Unterteil $A_1 A_2$. Während B_1 im Bär festsitzt, ist B_2 an B_1 beweglich, da es zugleich als Abstreifer dient.

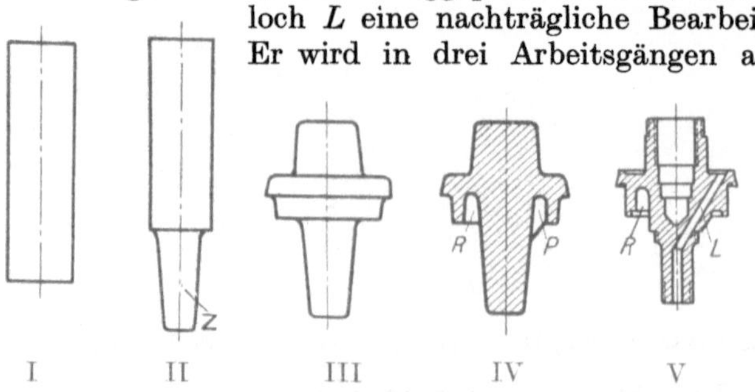

Abb. 188. Herstellung eines Doppelzünders. I···V Fertigungsstufen.

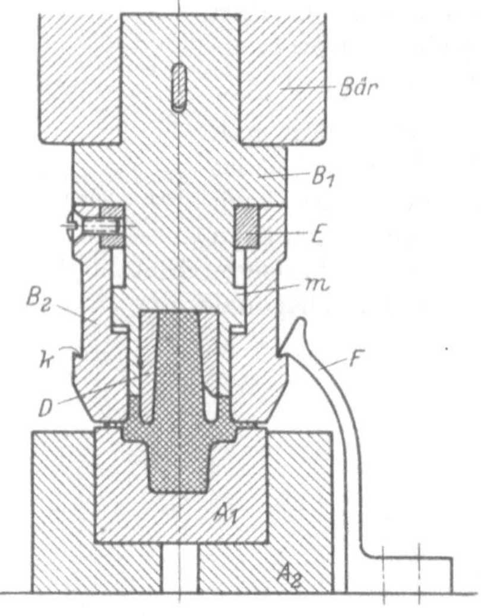

Abb. 189. Preßgesenk für Doppelzünder.

Nachdem die Form fertiggepreßt ist und in der tiefsten Stellung des Obergesenks die Federn F über die etwas geneigte Fläche k von B_2 gegriffen haben, geht der Bär mit B_1 wieder hoch, während die Federn F den Teil B_2 auf dem Werkstück so lange festhalten, bis der Ringdorn D sich völlig vom Werkstück gelöst hat. Dann stößt der Ansatz m von B_1 gegen den geteilten Ring E und nimmt, F zurückdrückend, B_2 mit hoch. Die genau zentrische Ausführung des zweiten Vorerzeugnisses und die richtige Anordnung der Federn verbürgen den Erfolg. Würde bei großer Stoffzugabe der Mantelring des Zünders beim Pressen zuerst gefüllt, so verböge sich leicht der Ringdorn.

44. Richten und Nachprägen. Beim Schmieden, Abgraten, Lochen und bei der Warmbehandlung verbiegen oder verziehen sich die Schmiedestücke, man muß sie deshalb warm oder kalt von Hand oder im Gesenk nachrichten. Hierbei werden nur die für das Richten notwendigen Stellen der Gesenkform ausgearbeitet. Solche Gesenke werden auch zum genauen, kalten und warmen Nachprägen von Spannflächen, Anschlägen oder von Flächen, die man nicht mehr bearbeiten will, angewandt. Dabei erzielt man Genauigkeiten bis zu 0,1···0,2 mm, ja beim Kaltkalibrieren, wenn es sein muß, bis zu einigen hundertstel. Man prägt unter Kurbel-, noch besser unter Kniehebelpressen.

45. Stauchen. Breite, tellerförmige Gegenstände mit zentrischem Zapfen, wie Eisenbahnpuffer, Motorventile usw., werden gestaucht. Zu diesem Zweck wird der Rohstoff bedeutend stärker gewählt als die Führungsstange des Stückes, wenn diese verhältnismäßig dünn ist, falls man nicht das Elektrovorstauchen benutzt. Beim **Eisenbahnpuffer** reckt man zuerst die Führungsstange (Abb. 190) unter dem Hammer, wobei der Kopfteil für den Pufferteller die ursprüngliche Stärke behält. Dieser wird dann unter dem Hammer in einem drehbaren Gesenk (Abb. 191) unter möglichster Kühlhaltung des Schaftes gebreitet (Ausstoßvorrichtung wie Abb. 156), wobei der obere Recksattel, je nach Pufferform, eine glatte oder gewölbte Bahn hat. Gewölbte Puffer kommen nach dem Abgraten rotwarm in ein Gesenk (Abb. 192). Das Querloch am Ende des Pufferschaftes wird im warmen Zustande mit Dornen aus Wolframstahl unter einer Spindel- oder Kurbelpresse gestanzt.

Abb. 190. Recken der Führungsstange beim Eisenbahnpuffer. *a* abgetrennter Rohstoff; *b* Schaft vorgereckt; *c* Recksattel; *d* Schaft fertiggereckt und gerundet.

Abb. 191. Tellerschmieden unter Dampfhammer. *a* Amboß; *b* drehbares Gesenk.

Ventilteller staucht man heute meist in der Elektrostauchmaschine vor und preßt sie unter Spindelpressen fertig. Beim Stauchen von Bolzenköpfen aus Rund-

Abb. 192. Tellerwölben unter Reibspindelpresse.

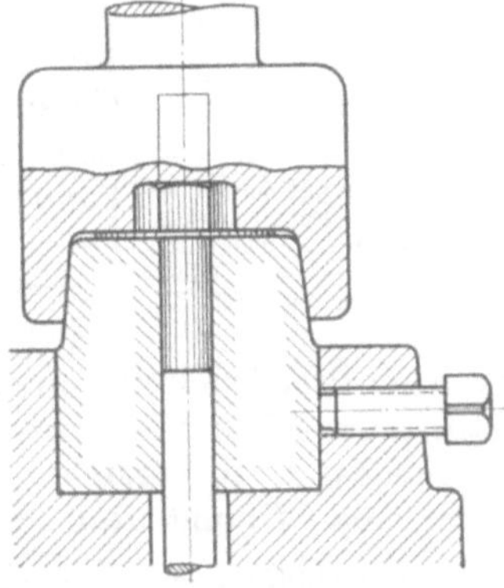
Abb. 193. Gesenk zum Stauchen von Bolzenköpfen.

stäben (Abb. 193) erfordert die übliche Kopfhöhe eine Schaftlänge vom 2,5fachen des Schaftdurchmessers. Schrauben und Nieten müssen nach Abb. 194 abgegratet werden, damit der Kopf in der Schnittplatte eine Führung erhält. Für diese Arbeiten verwendet man vorteilhaft Spindelpressen, wenn keine Sondermaschinen vorhanden sind.

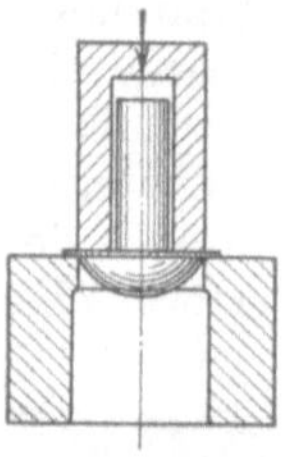

Abb. 194. Abgratwerkzeug für Nieten.

Für breite Staucharbeiten ist der Hammer weniger geeignet als die Schmiedepresse bzw. die Schmiedemaschine, die diese Arbeiten in verschiedenen Stufen leicht bewältigen.

B. Arbeiten in der Schmiedemaschine[1].

46. Die Arbeitsweise der Schmiedemaschine. Bei den bisher erläuterten Verfahren des Gesenkschmiedens wurde der Rohstoff im hochwarmen Zustande entweder zwischen zwei Gesenkhälften unter Hammer oder Presse verformt, wobei ihm noch die Möglichkeit des Ausweichens an den Trennflächen der Gesenke als Grat gegeben war, oder er wurde durch den Druck eines Dornes in einer einseitig geschlossenen Gesenkbüchse in einen Hohlkörper verwandelt. Hierbei traten teilweise Stauch-, Streck- und Spritzvorgänge in Wirkung. Die Gesenke bestanden fast durchweg aus zwei Teilen, einem feststehenden (passiven) und einem beweglichen (aktiven) Teil.

Die Wirkung der waagerechten Schmiedemaschinen beruht nun hauptsächlich auf dem reinen Stauchen. Die Gesenke (Abb. 195) bestehen aus einem Gesenkdorn oder Stempel (D) und zwei Gesenkbacken (A und B), die entweder beide seitlich beweglich oder eine fest (A) und die andere seitlich beweglich (B) sein können. Die Gesenkform in den Backen ist bei a—b etwas enger als der Stabdurchmesser S, so daß die Backen den Stab festklemmen, wenn sie durch die Kräfte q zusammengedrückt werden.

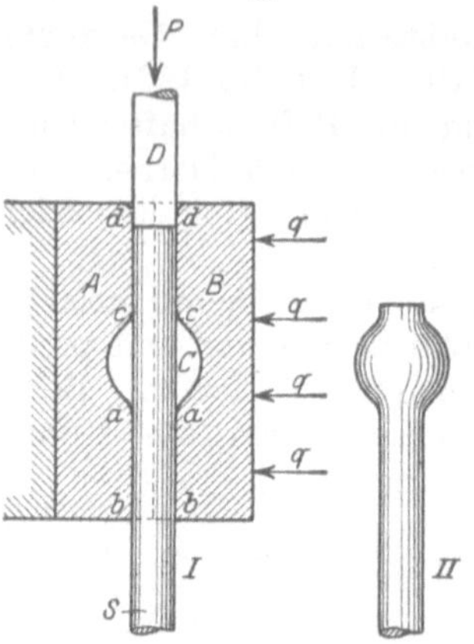

Abb. 195. Stauchen in der Schmiedemaschine. A u. B Gesenkbacken; C Höhlung; D Dorn; S Rohstab; $a \cdots b$ Klemmstelle, $c \cdots d$ lose Stab- und Dornführung.

Wird nun der Dorn D mit der Kraft P vorgeschoben, so staucht er den bei c—d lose geführten, preßwarmen Stab I in die Höhlung C der Backen hinein, so daß die Form II entsteht. Der Rohstoff muß die Gesenkhöhlung ausfüllen, da er nirgends ausweichen kann; hierbei entsteht Grat nur infolge ungenauen Zusammenliegens der Gesenkbacken; er tritt also bei hohem Preßdruck nur an den Trennflächen der Backen des unvollkommen geschlossenen Gesenkes dünn heraus, während zwischen Dorn und Backen manchmal gewöhnlicher Grat entsteht, wie beim Gesenkschmieden. Hat dagegen die Gesenkform eine Öffnung nach außen, wie Abb. 196 bei C, so spritzt der durch

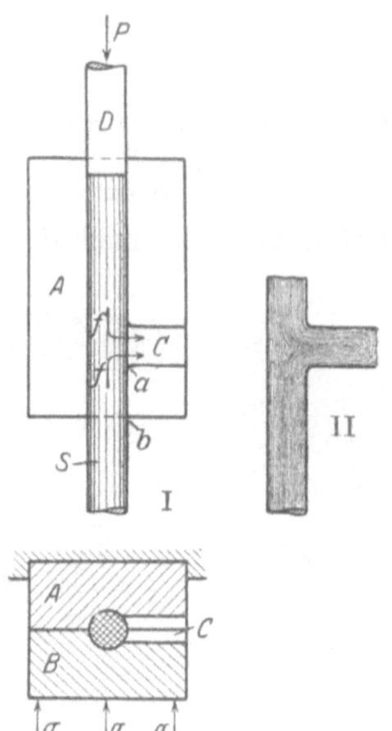

Abb. 196. Spritzen in der Schmiedemaschine. C Öffnung.

[1] Die meisten Abbildungen dieses Abschnittes wurden von den Maschinenfabriken Hasenclever und Sack, Düsseldorf, zur Verfügung gestellt.

den Stauchdorn mit der Kraft P ins Fließen gebrachte Rohstoff des Stabes S, der wieder bei a—b festgeklemmt ist, in der Richtung der Pfeile f aus der Öffnung C, so daß die Form II entsteht. Um die Form aus dem Gesenk entfernen zu können, müssen solche Spritzöffnungen in den Stoßflächen der Gesenkbacken A und B liegen. Der zu spritzende Ansatz darf nicht lang sein, da die Reibung des Werkstoffes an den Wandungen des Gesenkes das Fließen stark hindert und ein Ausfüllen der Form nur bei großer Inanspruchnahme der Schmiedbarkeit des Rohstoffes und bei großer Beanspruchung der Schmiedemaschine möglich ist. Der Preßdruck P wird durch eine Kurbel erzeugt, die einen den Stauchdorn tragenden Schlitten unmittelbar oder mit Hebelübersetzung bewegt. Die Kräfte q zum Zusammenpressen der Schlitten, die die Gesenkbacken tragen, werden meist durch Hebelübersetzung von der Kurbelbewegung selbst oder einem besonderen Exzenter abgeleitet (siehe Gesenkschmiede, III. Teil).

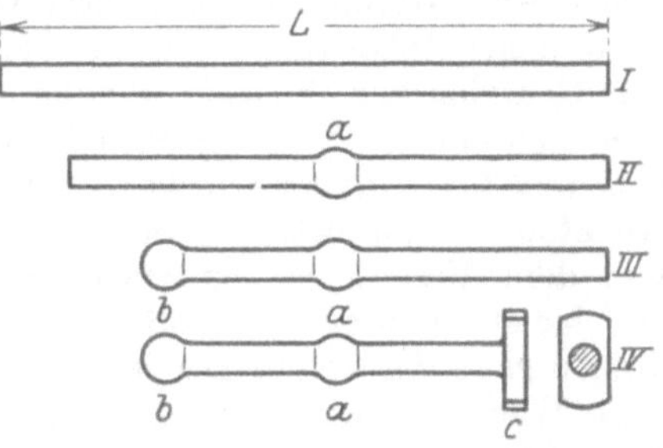

Abb. 197. Herstellung einer Geländerstütze. I Rohstab; II Anstauchen der Verdickung a; III des Kopfes b; IV des Fußes c.

Soll ein Stück mit mehreren Anstauchungen, z. B. die Geländerstütze Abb. 197, hergestellt werden, so staucht man in einer, höchstens zwei Hitzen die Verdickungen a und b nacheinander in demselben Gesenk und danach den Fuß c in demselben oder einem besonderen zweiten Gesenk (Abb. 198). Man schmiedet hier also in Richtung der Stabachse, dagegen unter Hammer oder Presse quer zur Stabachse (Abb. 199). Aus diesem Grunde sind auf Schmiedemaschinen alle Formen leicht herzustellen, die starke Vergrößerungen der Querschnitte senkrecht zur Stabachse aufweisen. Ist jedoch die Querschnittsvergrößerung gering oder soll die Form bei wesentlich gleicher Querschnittsgröße stark verändert werden (Abb. 200), so muß man die Endform doch durch Gesenkschmieden erzeugen.

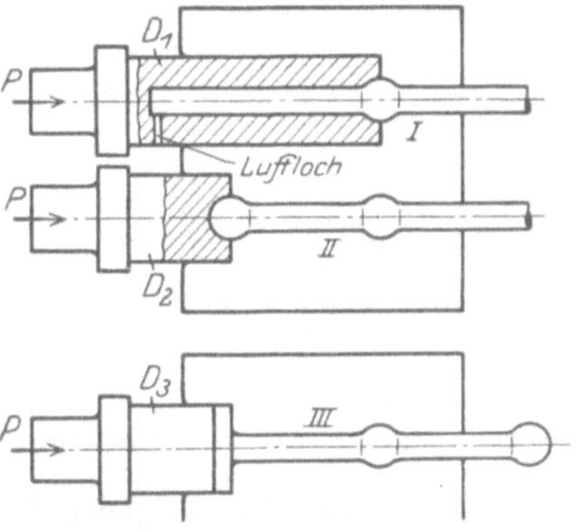

Abb. 198. Schmiedemaschinengesenk.

In Abb. 198 sind für jede Querschnittsänderung die dazugehörigen Backen und Dornformen angegeben; diese drei Gesenkformen I, II und III können bei Maschinen, deren Stößel drei Stempel faßt, in einem Paar Backen untergebracht werden.

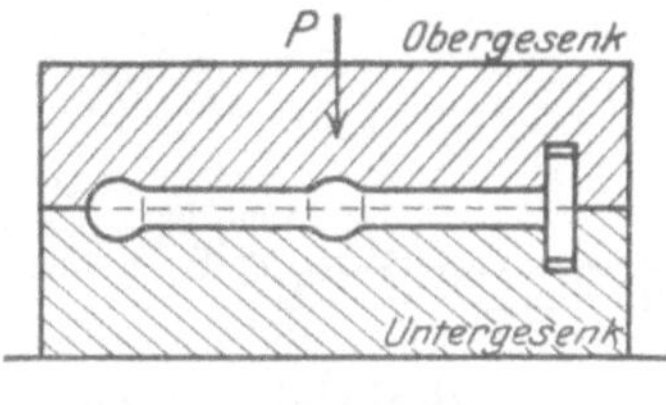

Abb. 199. Hammergesenk.

Abb. 200. Querschnitte der Vor- und Endform.

Außer den obigen Stauchungen kann man auf waagerechten Schmiedemaschinen auch Lochungen in Richtung der Achse des Stabes und umfangreiche Biegungen ausführen, außerdem fast alle in der Industrie nötigen, meist konzentrischen Formen herstellen, soweit die Rohstangen 150 mm Durchmesser nicht überschreiten. Auch sind die Maschinen vorteilhaft in Gesenkschmieden für gewisse Vorformen zu verwenden, die sonst nur durch Freiformschmieden hergestellt werden können (z. B. Abb. 84).

47. Regeln für das Stauchen in der Schmiedemaschine. Die wenigsten Formen werden auf der waagerechten Schmiedemaschine durch einen Druck hergestellt, die meisten durch zwei und drei Drucke. Manche Formen aber brauchen auch noch mehr Arbeitsgänge, wenn nicht alle möglichen Kniffe angewandt werden. Aus Gründen der Wirtschaftlichkeit soll man mit möglichst wenig Arbeitsgängen, d. h. mit möglichst wenig Stauchdrucken, eine Form vollendet herstellen. Natürlich muß der Inhalt der freien Stablänge dem Inhalt des aufzustauchenden Werkstückteiles entsprechen. Die Anzahl der nötigen Stauchdrucke hängt vor allem von dem Verhältnis des Stabquerschnittes zum größten Werkstückquerschnitt ab. Meist ist dieses so groß, daß zwei oder drei Drucke nötig sind. Dann ist es die Aufgabe des ersten Druckes, in der ersten Vorform bereits die ganze erforderliche Werkstoffmenge so zusammenzuballen (der Amerikaner unterscheidet auch beim Stauchen zwischen to gather = zusammenballen, sammeln und to upset = stauchen), daß die nachfolgenden Arbeitsgänge ohne jede Gefahr für Fehlpressung die verwickeltesten Formen ergeben können. Hierbei sind verschiedene Regeln zu beachten, bei deren Vernachlässigung sicher Fehlpressungen entstehen:

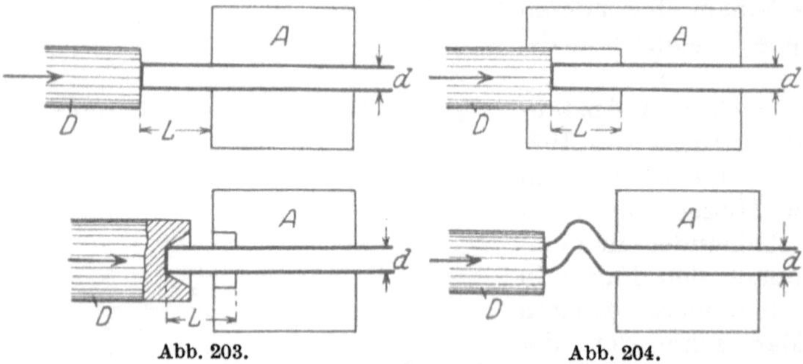

Abb. 203. Abb. 204.
Abb. 201 ··· 204. Stauchung beim ungestützten Stab. Bedingung $L \leqq 2{,}5 \cdots 3d$.

I. Beim ungestützten Stab darf die freie Stablänge L für einen Stauchdruck nicht größer sein als das $2^1/_2$ bis 3 fache des Stabdurchmessers d (Abb. 201 ··· 204). Dabei ist es gleichgültig, ob das freie Stabende innerhalb oder außerhalb der Gesenkbacken liegt. Ist L zu groß, so knickt die Stange aus, und es entstehen gefaltete, also fehlerhafte Pressungen.

II. Beim ungestützten Stab nach Abb. 205 muß $L \leq 3 \cdots 4d$ sein je Druck, wenn der Durchmesser des angestauchten Stückes $d_1 \leq 1{,}5d$ ist. In diesem Falle ist das freie Stangenende gegen schädliche Knickung und Faltung durch die Aussparung der Gesenkbacken mit dem Durchmesser d_1 gesichert.

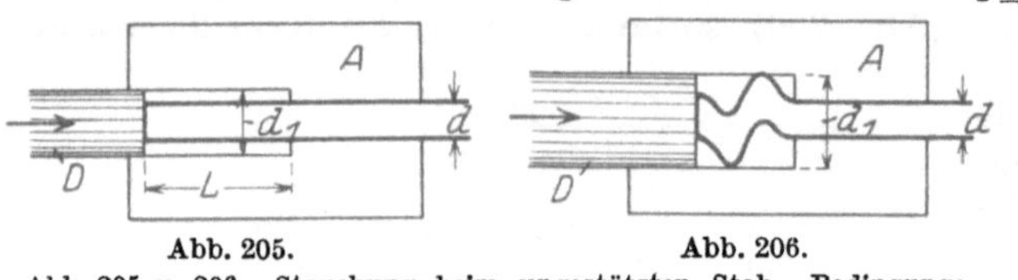

Abb. 205. Abb. 206.
Abb. 205 u. 206. Stauchung beim ungestützten Stab. Bedingung: $d_1 \leqq 1{,}5\,d$, wenn $L = 3 \cdots 4\,d$.

Durch stufenweises Stauchen kann man natürlich ein mehr als $3 \cdots 4\,d$ langes Stabende zu einem Kopf von mehr als $1{,}5\,d$ umformen.

Ist $d_1 > 1{,}5\,d$, so entstehen wieder Faltungen (Abb. 206). Durch Kunstgriffe kann man die in einem Druck aufzustauchende Stoffmenge über die Formel hinaus vergrößern. Zunächst ist das möglich, indem man die runde Stange quadratisch aufstaucht. Wenn man dabei die Quadratseite gleich $1{,}5\,d$ macht (Abb. 207), was zulässig ist, so ist dieser Querschnitt schon im Verhältnis von

$(1{,}5d)^2 : (1{,}5d)^2\pi/4 = 4 : \pi \approx 27\,\%$ größer als der zylindrische. Beim zweiten Druck kann man dadurch gewinnen, daß man den quadratischen Querschnitt nun wieder rund aufstaucht und dabei von der Diagonale d' des Quadrats ausgeht und den Durchmesser d_1 der Aufstauchung gleich $1{,}5\,d'$ macht. Weiter kann man Werkstoff dadurch ansammeln, daß man die Gesenkform am Grunde, wo ein Ausknicken der Stange nicht mehr zu befürchten ist, erweitert (Abb. 208). Bedingung ist jedoch, daß $l > 0{,}5\,L$ ist. Natürlich kann man auch diese beiden Möglichkeiten miteinander verbinden und so eine Unzahl von Formen mit großem Inhalt leicht herstellen.

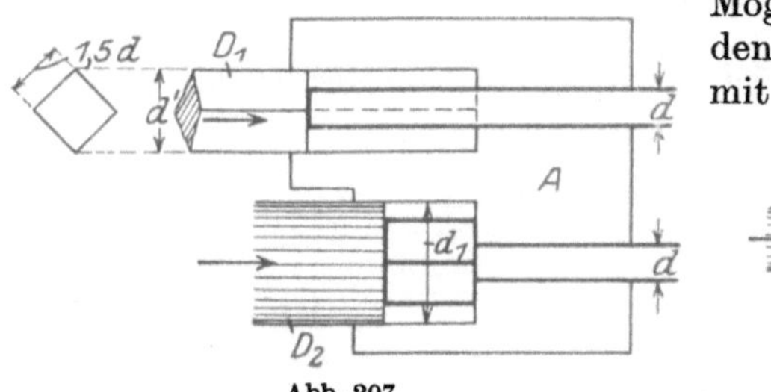

Abb. 207.

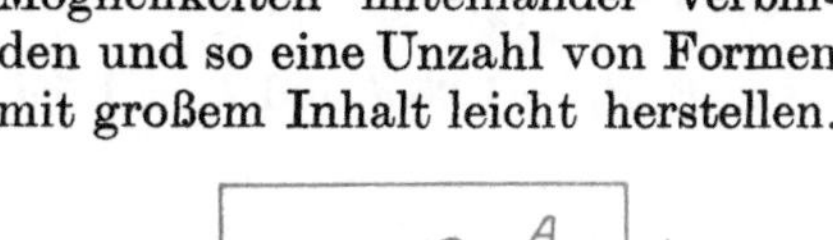

Abb. 208.

Abb. 207 u. 208. Kunstgriffe zur Vergrößerung der aufzustauchenden Stoffmenge beim ungestützten Stab.

In Abb. 205 ist es nicht nötig, daß bei $L > 3\,d$ die ganze freie Länge des Stabes im Gesenk liegt, es genügt, wenn das Gesenk bis über die Mitte reicht, da das freie Ende in der Mitte zuerst ausknickt. Auch kann das freie Ende ebensogut in der Form des Stempels gestützt werden, wenn diese nur tief genug ist, also $l > 0{,}5\,L$ (Abb. 209). Ist die Stempelform kegelig (Abb. 209) — was sehr oft der Fall ist —, so soll der große Durchmesser d_1 nicht wesentlich über $1{,}5\,d$ sein.

Liegt die Form teils in den Backen, teils im Stempel und ist $L > 3\,d$, so darf ebenso wie vorher die Mitte des freien Stabendes nicht frei liegen, weil sie dann

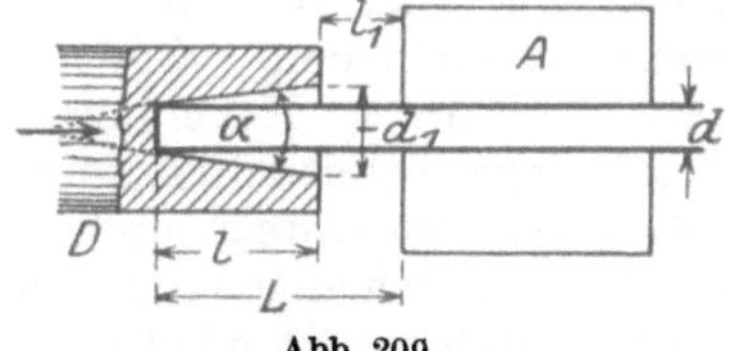

Abb. 209.

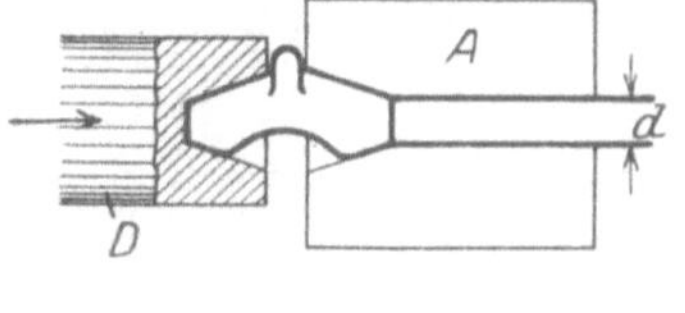

Abb. 210.

Abb. 209 u. 210. Stauchung beim gestützten Stab. Bedingung: $d_1 \leqq 1{,}5\,d$ und $l_1 \leqq d$, wenn $L = 5 \cdots 6\,d$.

ausknickt und sich eine Falte bildet, die eine Fehlpressung bedeutet (Abb. 210). Für das zwischen Gesenk- und Stempelform frei liegende Stangenstück l_1 (Abb. 209), ob im Stempel oder Gesenk gegen Ausknicken gesichert, gilt die Regel:

III. Beim gestützten Stab nach Abb. 209 kann $L = 5 \cdots 6\,d$ sein, wenn $d_1 \leq 1{,}5\,d$ und $l_1 \leq d$ ist. Ist $d_1 \approx 1{,}25\,d$, so kann $l_1 \approx 1{,}5\,d$ sein. Dabei darf l_1 nicht in der Mitte des freien Stangenendes liegen (Abb. 210); eine Stützung, teils in den Backen, teils im Stempel, ist aber sehr wohl zulässig.

48. Die kegelige Vorform. Durch die letzte Regel wird der Stauchhub sehr beschränkt, zumal wenn die Stauchform ganz im Stempel liegt. Aber trotzdem wählt man diese Ausführung gern, weil die Form sich im Stempel bequem einarbeiten läßt und lange, dünne Stempel, wie in Abb. 211, unnötig macht. Besonders vorteilhaft staucht man die Vorform im Stempel kegelig: Einmal löst sich dann die Form beim Rückgang von der kegeligen Aufstauchung leicht ab; weiter wächst bei der kegeligen Form durch den zunehmenden Querschnitt der Stauchdruck stetig, so daß der Werkstoff gut durchgearbeitet wird und die Form gut ausfüllt; schließlich bringt man durch die Kegelform den meisten Werkstoff gerade dahin, wo er am notwendigsten ist (Abb. 212).

Der große Durchmesser d_1 des Kegels (Abb. 209) und die Längen L und l müssen natürlich so zueinander abgestimmt sein, daß der Inhalt des freien Stabendes gleich dem Kegelinhalt ist. Man erhält

$$d^2 \frac{\pi}{4} L = \frac{l\pi}{12}(d^2 + d_1^2 + d\,d_1) \text{ und daraus } L = \frac{l}{3} \cdot \frac{d^2 + d_1^2 + d\,d_1}{d^2} = l + l_1.$$

Ist z. B. $d_1 = 1{,}25\,d$ und $l_1 = 1{,}5\,d$, so muß $L = 7\,d$ sein; ist dagegen $d_1 = 1{,}5\,d$

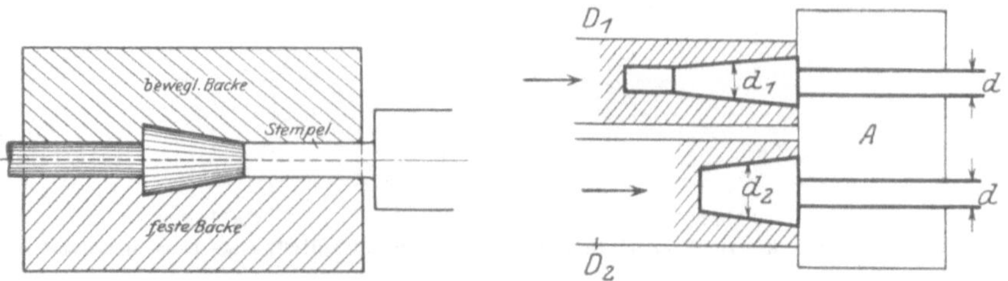

Abb. 211. Abb. 212.
Abb. 211 u. 212. Kegelige Vorform.

und damit $l_1 = d$, so ergibt die Rechnung $L = 2{,}7\,d$. Damit wird der Spitzenwinkel des Kegels im ersten Falle rd. 3°, im zweiten Falle rd. 17°.

Staucht man den Kegel im Zwei- oder Dreidruck, so kann der mittlere Durchmesser des folgenden Kegels immer gleich dem 1,5fachen des vorhergehenden sein, also ist in Abb. 212: $d_2 = 1{,}5\,d_1$. Diese Abbildung zeigt auch, wie man für die zweite Stauchung durch einen zylindrischen Ansatz am ersten Kegel eine größere Stoffmenge bereithalten kann. Stets soll durch Ausrechnen und Ausproben die freie Stauchlänge so genau gewählt werden, daß so gut wie kein Grat entsteht.

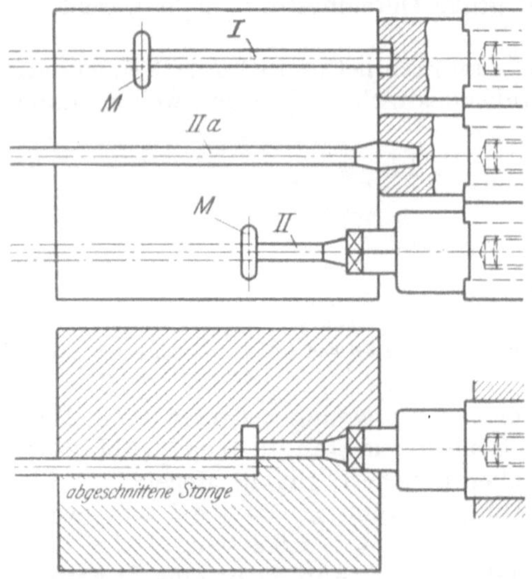

Abb. 213. Stauchen von Köpfen. *M* Messer zum Abschneiden der Stangen.

49. Stauchen von Köpfen an der Stange. Die Kopfform wird entweder ganz in den Stempel verlegt wie bei dem Sechskantkopf I (Abb. 213), der in einem Druck fertiggestellt wird, oder teils in den Stempel und teils in die Backen wie bei der Vorform IIa oder ganz in die Backen wie bei der Fertigform II des Vierkantkopfes.

Abb. 214 zeigt die Herstellung von Zugstangen in zwei Drücken. Die Gesenkbacken sind schalenartig, herausnehmbar in die Gesenkhalter eingebaut. Der Gesenkhalter ist zum zweiseitigen Gebrauch hergerichtet. Die Einsatzgesenke werden durch versenkte Schrauben befestigt. Man kann das Einsatzgesenk auch im ganzen anschrauben oder ohne Anbohrungen durch versenkte Laschen festklemmen.

Beispiele von Kopfschmiedungen zeigen die Abb. 215···218.

Abb. 214. Herstellung von Zugstangen (Werkzeug nach Kieserling & Albrecht).

50. Dornen und Lochen sind zwei Arbeitsvorgänge, die auf der waagerechten Schmiedemaschine mit großem Vorteil, zumal auch ohne Abfall, durchgeführt werden können.

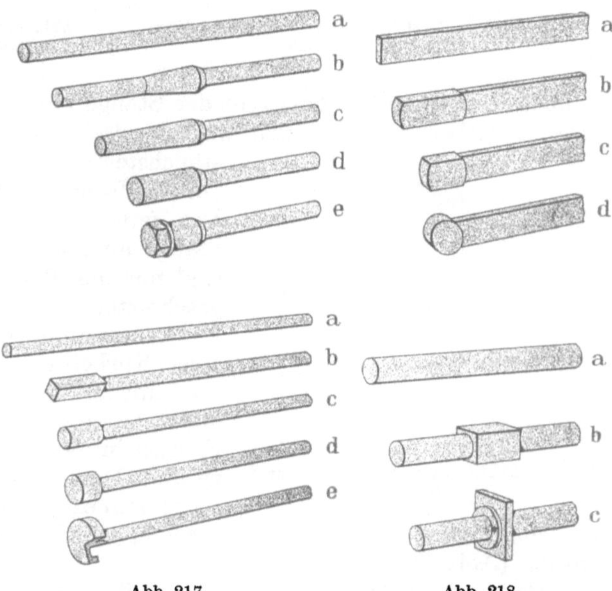

Abb. 217. Abb. 218.
Abb. 215···218. Kopfstauchung von Stangen.

a) L o c h e n g l a t t e r, d u r c h g e h e n d e r B o h r u n g e n (Abb. 219···221). Bei diesen Werkstücken ist eine grundsätzliche Voraussetzung, daß der Querschnitt der Bohrung dieser Stücke dem Querschnitt des Ausgangswerkstoffes entspricht, also ein Werkstück mit Loch von 32 mm Durchmesser muß aus einer Stange von 32 mm Durchmesser angefertigt werden (Abb. 219···221). Die Stange muß sich also beim Lochen herausschieben lassen und nicht geklemmt sein.

Ist der Durchmesser der Stange größer als der des Loches, wie bisweilen zum Sparen von Stauchhüben erforderlich, so kneift man die Stange hinter dem Werk-

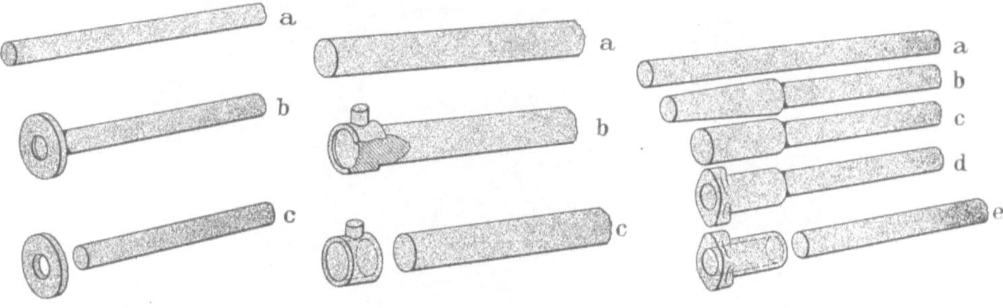

Abb. 219. Herstellung einer Scheibe. Abb. 220. Herstellung einer Muffe. Abb. 221. Herstellung eines Zylinders.

stück ein (Abb. 222). Im umgekehrten Falle staucht man die Stange vor (Abb. 223 u. 224).

b) Dornen ist Stauchen und Tieflochen oder Aufdornen eines äußerlich unregelmäßigen Schmiedestückes an der Stange ohne Abfall. Beispiele:

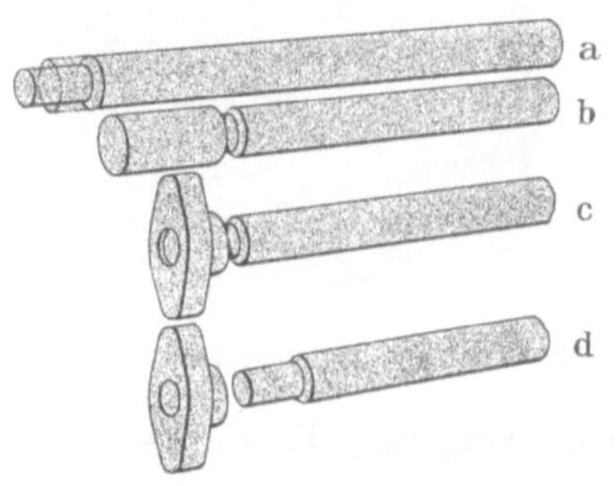

Abb. 222. Herstellung eines ovalen Flansches (Stange eingekniffen).

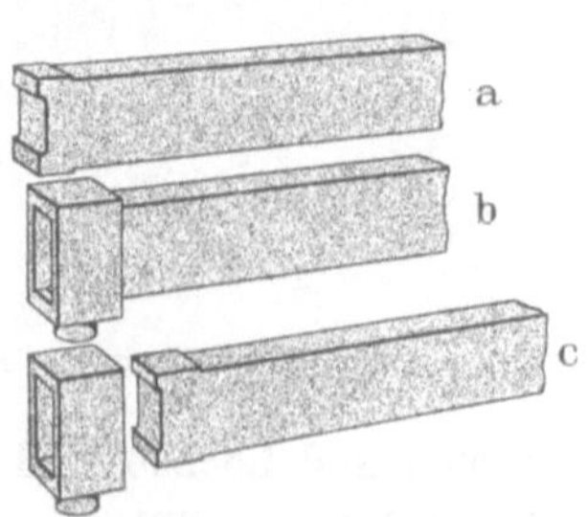

Abb. 222. Herstellung eines Federbundes (Stange angestaucht).

Der Hohlkörper Abb. 225 wird in drei Drücken gepreßt, indem der Vorstauchstempel nur vordornt, der zweite Stempel die Form weitet und der dritte fertig formt. Das fertige Werkstück A wird warm von der Stange abgesägt. Die Vorformen A^{I} und A^{II} sind nur des Bildes wegen von der Stange abgeschnitten.

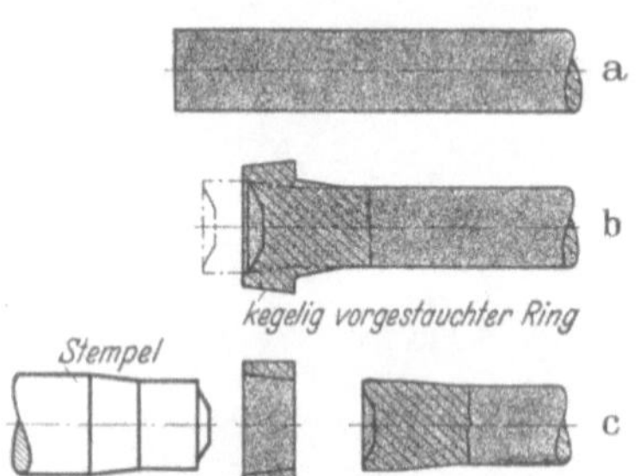

Abb. 224. Herstellung kegeliger Kugellagerringe.

Stauchen eines Flansches (Abb. 226) an einer Kurbelwelle. Diese wird erst im Gesenk geschmiedet und abgegratet. Die Schmiedemaschine staucht dann in einer Hitze den Flansch im ersten Druck an (a) und dornt im zweiten Druck (b).

c) Dornen und Lochen ist eine Vereinigung von a) und b), z. B. zur Herstellung großer Radnaben mit unregelmäßiger Bohrung (Abb. 227).

d) Das Lochen quadratischer oder vielkantiger Stangen nach dem Ehrhardt-Verfahren (Abschn. 42) kommt für zylindrische und schwach kegelige Hohl-

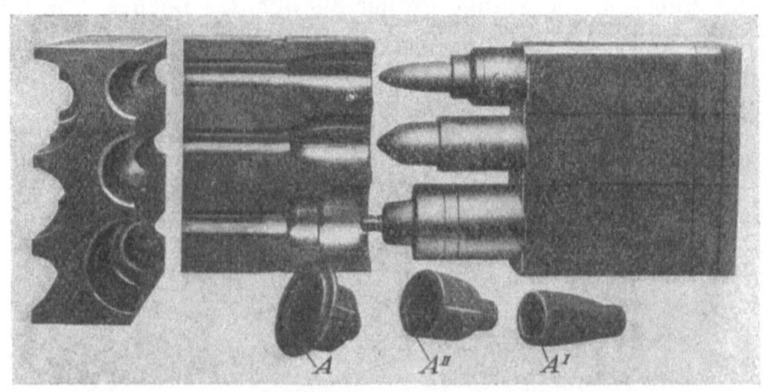

Abb. 225. Stauchen und Dornen von Hohlkörpern an der Stange. A Fertigstück; A I u. A II Vorformen

körper aus Knüppeln von quadratischem Querschnitt mit abgerundeten Kanten in Frage (Abb. 228). Dabei müssen die ringförmigen Querschnitte gleich dem Knüppelquerschnitt sein, zweckmäßig auch etwas kleiner. Kann man den Querschnitt eines Hohlkörpers nicht mit einem prismatischen Knüppel, dessen Übereckmaß gleich dem Außendurchmesser des Werkstückes ist, in Einklang bringen, so nimmt man eine Rundstange von etwas kleinerem Durchmesser. Da diese im Gesenk außen nicht anliegt, hilft man sich durch Anstauchen eines Bundes (Abb. 229a). Das Tiefloch Abb. 229, das tiefer ist als der Stauchhub der Maschine, wird stufenweise hergestellt. Bei Bemessung der Lochtiefe je Druck ist auf die Knickgefahr des Stabes zu achten (Abschn. 47, in vorliegendem Falle auf Regel I).

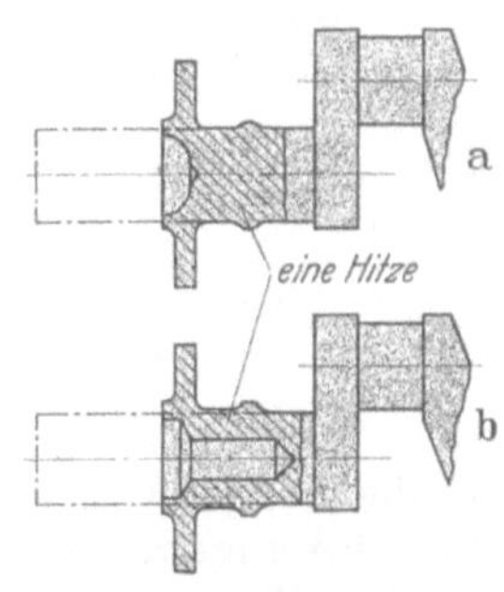

Abb. 226. Anstauchen eines Kurbelwellenflansches.

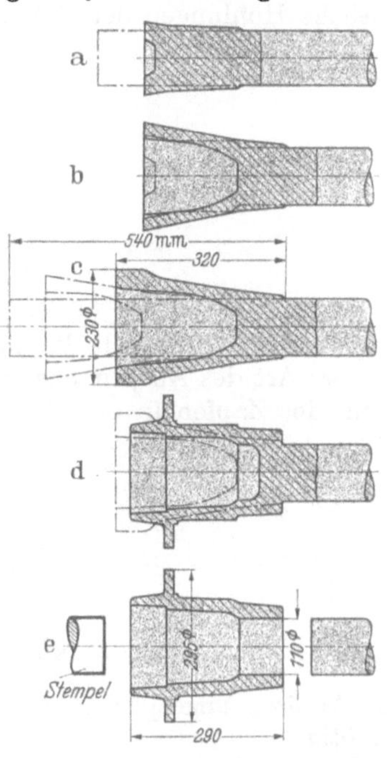

Abb. 227. Herstellung einer Radnabe. a Vorstauchen; b und c Vorstauchen mit Aufweiten durch Nachschieben in einer Preßform; d Fertigpressen; e Ablochen.

Durch versetzte Teilfugen der Gesenkbacken (Bauart Eumuco) und besondere Gestaltung der Gesenkbüchse wird das Einlegen der Knüppelstücke in die Gesenkform erleichtert (Abb. 230). Die spitze Nase des Gegenwerkzeuges (Büchse) verhindert beim Zusammenschließen der Gesenkbacken die Gratbildung.

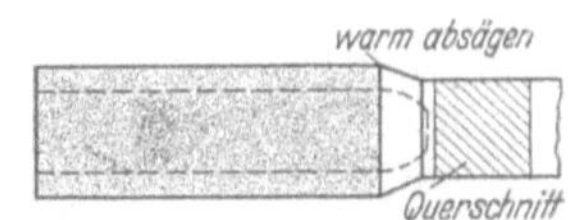

Abb. 228. Herstellung von Hohlkörpern aus Knüppelstücken nach Ehrhardt-Verfahren.

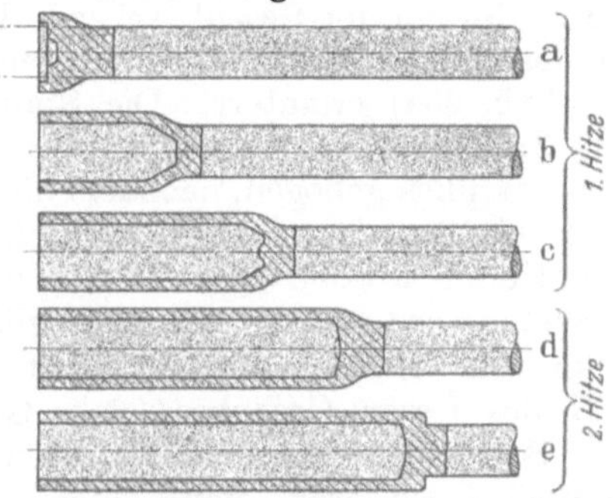

Abb. 229. Herstellung von tiefen Hohlkörpern aus Rundstangen.

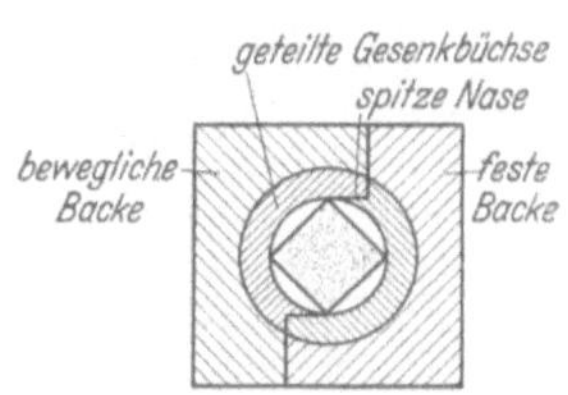

Abb. 230. Gesenkbacken mit versetzter Teilfuge (Bauart Eumuco).

e) Warmlochen von Löchern und Schlitzen mit Abfall. Zur Herstellung z. B. von scharfkantigen Splintlöchern in Baggerbolzen aus Manganhartstahl werden diese senkrecht von oben zwischen die Klemmbacken gesteckt und während des Lochens festgehalten.

51. Das Schlitzen von Köpfen. Ähnlich wie Hohlkörper werden gegabelte Köpfe usw. erst vorgestaucht und geschlitzt, dann fertiggepreßt, wobei im Zwei-, Drei- oder Vierdruck gearbeitet wird.

52. Das Spritzen im Gesenk. Nocken und Daumen an Hebeln oder Stangen, aufzufassen als seitliche Auswüchse einer Stabform, werden beim Stauchen in seitliche Höhlungen der Gesenkbacken hineingespritzt; da sind zu unterscheiden:

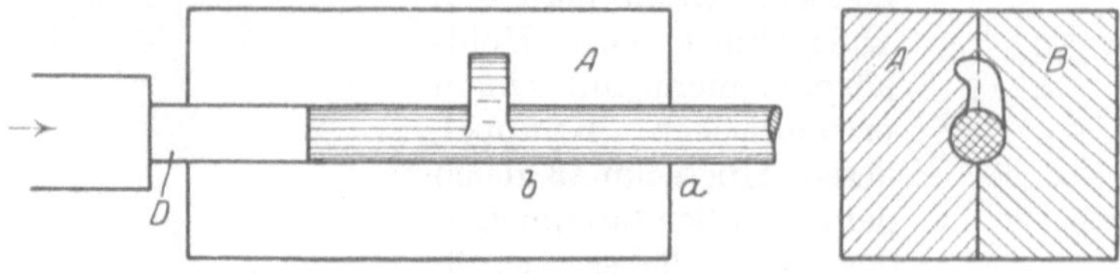

Abb. 231. Spritzen im Gesenk.

Spritzungen, die durch die Gesenkform begrenzt, und solche, die frei sind. Die letztere Art des Anspritzens von Zapfen (Abb. 196, Abschn. 46) wird angewendet, wenn der Zapfen in der Schmiede noch weiter geformt oder eine Verlängerung angeschweißt werden soll. Die Daumenwelle Abb. 231 erhält dagegen im begrenzten Spritzvorgang ihren fertig geformten Daumen. Die Stange muß dabei auf Strecke *a*—*b* festgeklemmt werden. Hat der Daumen noch seitliche Auswüchse, so wird Abb. 231 zur Vorform mit entsprechend großem Rauminhalt, und dann werden in der Fertigform die Ansätze angespritzt (Abb. 232). Ein Klemmen bei *a*—*b* ist in diesem Fall unnötig.

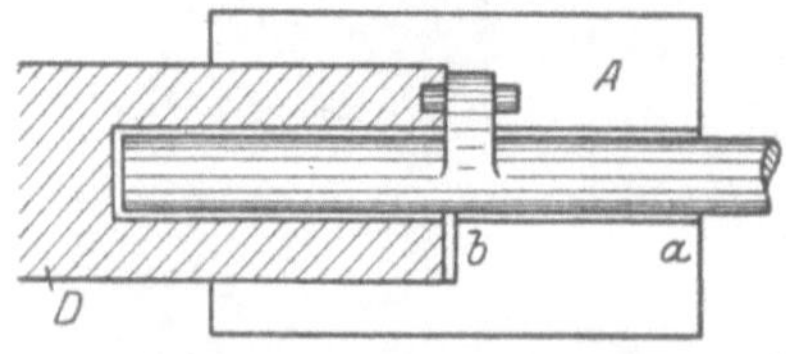

Abb. 232. Fertigspritzen von Nocken.

Die vier Arbeitsstufen zum Schmieden der im Wagenbau gebrauchten Dreieckswellen (Bremsdreiecke) zeigt Abb. 233. Beim ersten Druck wird der seitliche Anschweißzapfen 120···150 mm lang herausgespritzt. Vgl. auch die Herstellung einer Muffe (Abb. 220).

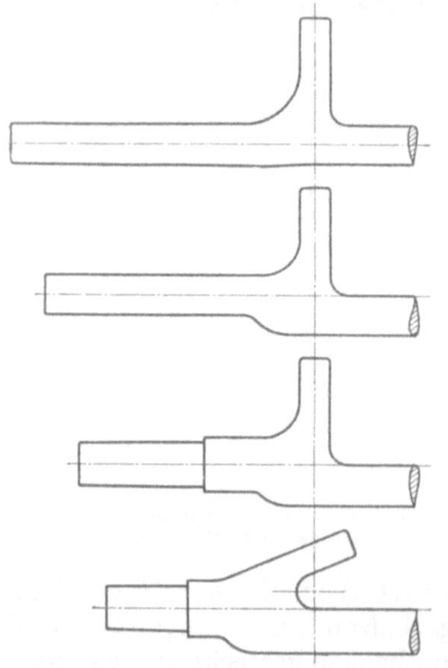
Abb. 233. Herstellung von Bremsdreieckswellen.

53. Das Biegen im Gesenk sei an der Herstellung des S t a n g e n a u g e s *B* und seiner Vorform *A* (Abb. 234) erläutert. Die Stange wird an einem Ende erwärmt und dann in der oberen Form des Gesenkes gebogen, nachdem die richtige Länge des eintretenden Stückes mit einem Anschlag bestimmt worden ist. Beim ersten Hub der Maschine wird durch die bewegliche Gesenkbacke das Stangenende zunächst um den Bolzen *H* des festen Gesenkes (siehe Grundriß) gebogen. Sowie das Gesenk geschlossen ist, ist der Stempel *I* so weit vorgegangen, daß er gegen das umgebogene Ende der Stange stößt und dieses weiter umbiegt, so daß das Auge die Form *A* bekommt. Nun wird die Stange aus der oberen Form herausgenommen und zwischen die unteren Backen *C* gelegt (Aufriß). Die Maschine macht einen zweiten Hub, das Gesenk schließt sich wieder und der Stempel *J* drückt den Spiralfedern *G* entgegen die Backen *C* mit dem Stangenauge in das Gesenk hinein. Da nun die Stange selbst im Gesenk festgehalten wird, so muß durch diese Bewegung zwischen der Stelle *L* der Stange und *K* des Kopfes ein Kragen angestaucht werden in die zylindrische Bohrung *M* der Backe *C* hinein. Die Größe dieses Kragens ist abhängig von der Entfernung *K* von *L*, und diese wieder wird bestimmt durch die Stellung der Muttern *F* auf den Bolzen *D*.

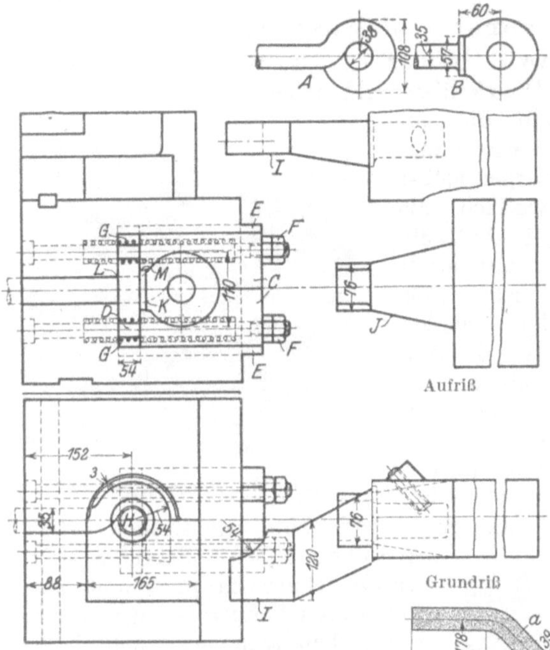

Abb. 234. Biegen und Stauchen eines Stangenauges. Aufriß. Grundriß. *A* Vorform; *B* Fertigstück.

In Verbindung mit einer Biegemaschine stellt man in der Schmiedemaschine viel günstiger den Kurbelarm Abb. 235 her als unter einem Hammer[1]. Es muß nur in der Wange genügend Werkstoff zum Biegen vorhanden sein. Zu wenig Werkstoff (*a*) ergibt Strecken der Wange, und die Form wird nicht ausgefüllt (*c*). Zuviel Werkstoff (*b*) bewirkt Schmiedefalten bei *f*. Die Werkstoffmenge ist also richtig zu berechnen und die Biegeform erst zu erproben; *a* bzw. *b* wird in der Biegemaschine vorgeformt und die Wange *c* bzw. *d* in der Schmiedemaschine fertiggepreßt.

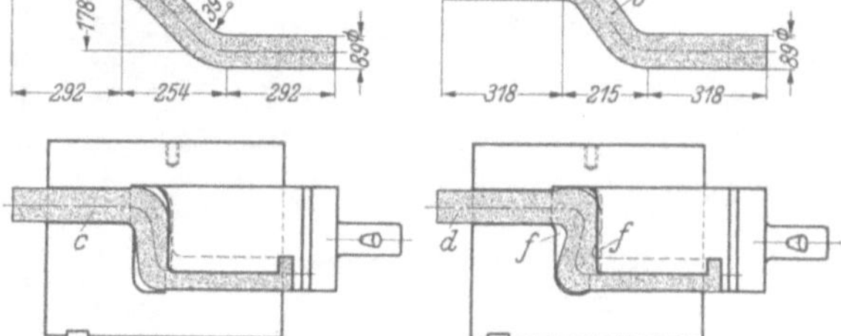

Abb. 235. Kurbelwelle im Gesenk biegen. *a* und *c* zu wenig Werkstoff; *b* und *d* zu viel Werkstoff; *f* Faltenbildung.

54. Schweißen. Der Preßdruck von Backen und Stempel kann natürlich auch zum Zusammenschweißen benutzt werden, wenn die Rohstoffteile auf die nötige Temperatur gebracht, umgebogen (wie oben das Stangenauge) oder gefaltet sind, bzw. vorher auf Biegepresse oder Amboß die entsprechende Vorform erhalten haben. Namentlich werden die Abfallenden von Stangen stumpf zusammengeschweißt. Dieser Vorgang unterscheidet sich in nichts vom Schweißen in anderen Arbeitsmaschinen, die ebenfalls gleichzeitig mit dem Schweißen formgebend wirken, wenn die Gesenke entsprechend eingerichtet sind. So z. B. wird die Trittstange *C* Abb. 236

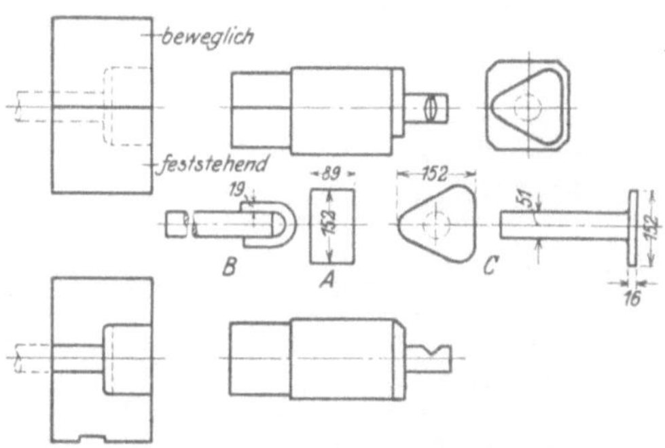

Abb. 236. Schweißen in der Schmiedemaschine. *A* Flacheisen; *B* Rundeisen; *C* fertige Trittstange.

[1] Ausführliche Beschreibung: Heat Treating and Forging Jg. 1931, Seite 260.

aus dem Rundeisen B, um dessen Ende das gebogene Flacheisen A gelegt wird, geschweißt und gestaucht, und zwar in einem Druck.

C. Arbeiten mit sonstigen Maschinen.

55. Arbeiten unter der Schmiedewalze (Abb. 237). Die Walzen wirken stichweise vor- und zurückgehend. Die Walzkaliber sind nebeneinander angeordnet. Durch ihre Verjüngung erhält man die gewünschte Verformung. Die Walzkörper selbst wurden vielfach als Vollsegmente (Abb. 238) ausgeführt, man stellt sie aber günstiger als Ringe oder Schalen (Abb. 239) her, die man erheblich billiger bekommt, indem man volle Ringe dreht und die Segmente (2 ··· 3 Stück) herausschneidet. Man versieht die Segmente mit Nut und Feder und spannt sie seitlich nebeneinander. Die Schmiedewalze wurde früher hauptsächlich zum Vorformen benutzt — die Amerikaner benutzen sie auch heute noch z. B. zum Vorformen von Pleuelstangen. Man stellt aber auch viele fertige Profilarbeiten unter der Walze her (Abb. 240).

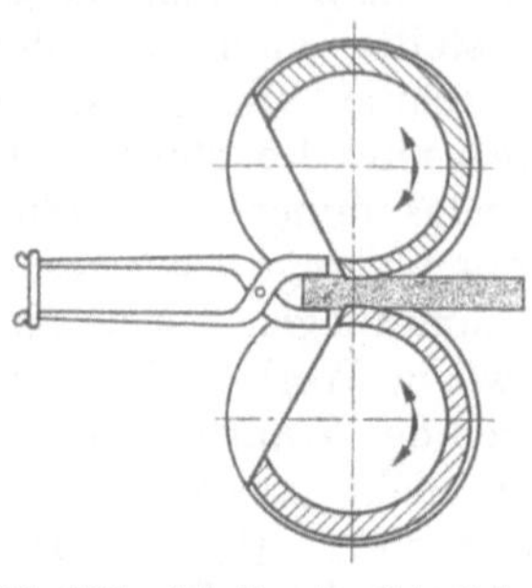

Abb. 237. Arbeitsweise Schmiedewalze.

Abb. 238. Walzvollsegmente.

Abb. 239. Walzringsegmente.

56. Arbeiten unter der Abgratpresse. Beim Stanzen von Blech steht der Schnittkante des Stempels die Schnittkante der Schnittplatte gegenüber, und das Blech geht wie zwischen Schermessern durch. Die Form des geschmiedeten Werkstückes verlangt jedoch wegen der Verjüngung des Querschnittes ein Verkleinern der Breite des Schmiedestückes b_1 auf die Breite des Stempels b'_1 (Abb. 241 a). Der Grat wird also sozusagen nur abgedrückt, und dieser Vorgang erfordert mehr Kraft als das Stanzen. Wird das Werkstück in zwei verschiedenen Gesenken, Vor- und Nachgesenk, in zwei verschiedenen Hitzen geschlagen, so müssen zwei Schnitte hergestellt werden (Abb. 241 a u. b).

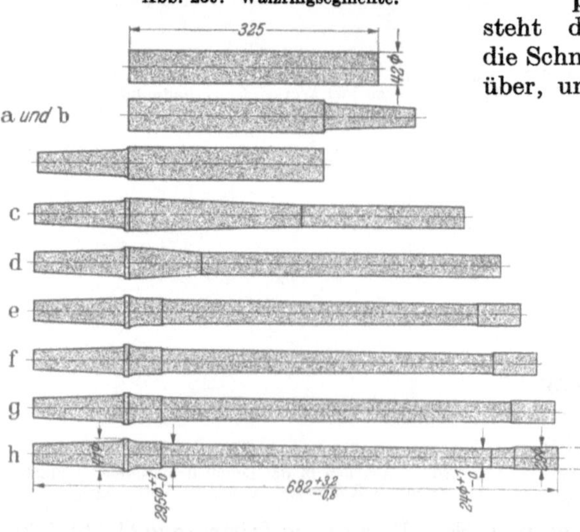

Abb. 240. Achswelle. *a* Kegelzapfen vorwalzen; *b* fertigwalzen; *c*···*f* Schaft kegelig vorwalzen; *g* fertigwalzen; *h* ausgleichen und schlichten (Hasenclever A.-G., Düsseldorf).

Zu beachten ist auch die Lage des Schmiedestückes beim Abgraten: Erstens sucht man einfache Stempelformen zu erhalten (Abb. 242). Zweitens muß man Seitendruck vermeiden, damit das Schmiedestück beim Abgraten nicht ver-

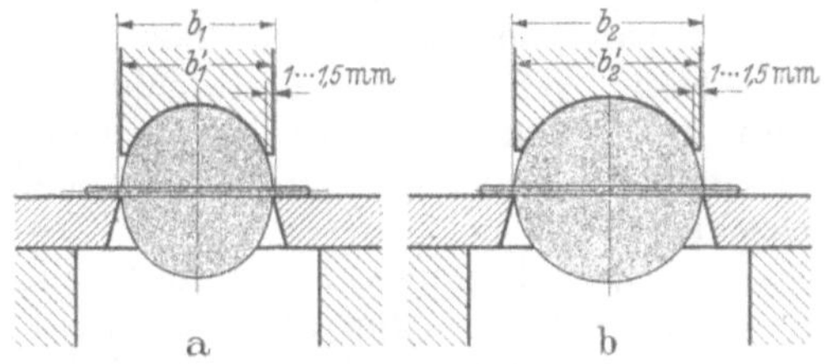

Abb. 241. **Abgratschnitte.** *a* für Vorgesenk; *b* für Fertiggesenk.

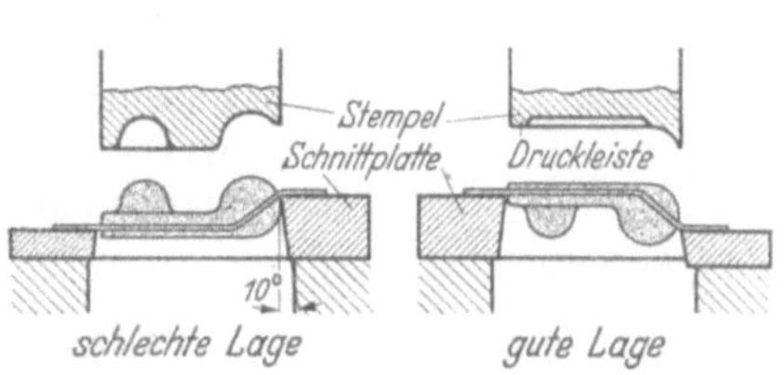

Abb. 242. **Lage des Schmiedestückes im Schnitt.**

schoben wird. Teile mit glatter Oberfläche kann man oft ohne Verwendung eines Stempels abgraten. Man fertigt einen sog. Schlagkern an (Abb. 243), d.i. ein Stück Stahl *a* mit oder ohne Griff, das man auf das Schmiedestück legt und auf das man nun den Pressenstößel oder Hammerbär aufdrücken läßt, so daß der Grat abspringt. Man kann in den Schlagkern, im warmen Zustande, auch die Hohlform des Schmiedestückes in ganz grober Form einschlagen und dann auch Körper mit unregelmäßiger Oberfläche damit abgraten. Das Verfahren benutzt man, wenn geringe Stückzahlen in Frage kommen.

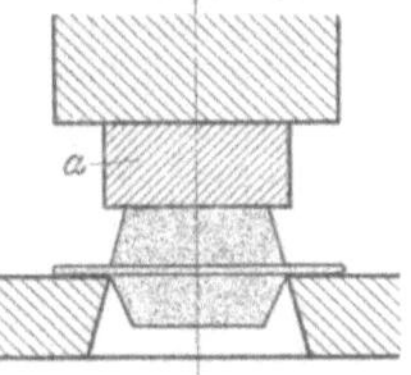

Abb. 243. **Schlagkern.** *a* Stahlstück mit oder ohne Griff.

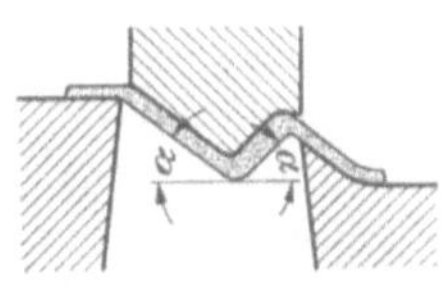

Abb. 244. **Schnittwinkel der Oberfläche der Schnittplatte.**

Die Oberfläche der Schnittplatte muß der Gesenkteilungslinie entsprechen. Dabei ist auf den richtigen Schnittwinkel zu achten. Der Schnittwinkel α Abb. 244 sollte, wenn möglich, 45^0 nicht überschreiten, damit sauber abgegratet wird (siehe auch Abb. 43 II). Aus dem Grunde schlägt man gebogene Gesenkschmiedestücke lieber in gestrecktem Zustande, gratet sie ab und biegt sie anschließend, was sauberere Werkstücke und billigere Werkzeuge ergibt.

Um die Abgratpresse zu schonen, zumal wenn sie etwas zu schwach in der Druckleistung ist, erzeugt man einen allmählichen Schnitt dadurch, daß man die

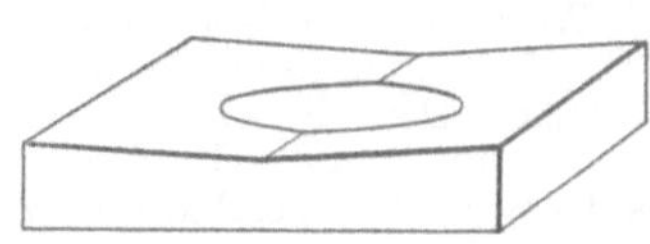

Abb. 245. **Schräge Schnittoberfläche.**

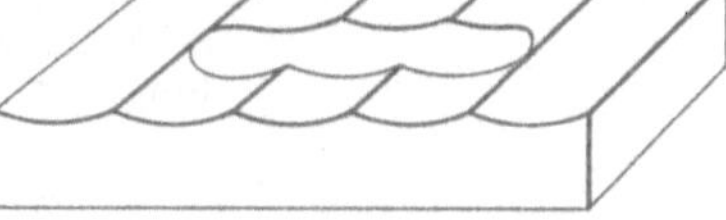

Abb. 246. **Gewellte Schnittoberfläche.**

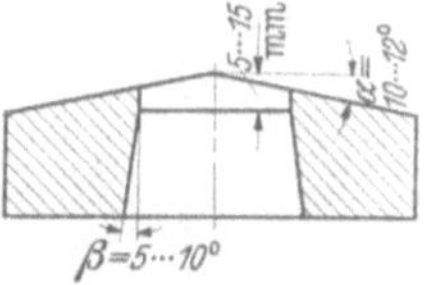

Abb. 247. **Schnittplatte, quer abgeschrägt. Unterschneidung des Schnittloches.**

Schnittoberfläche in der Längsrichtung leicht geneigt oder in Wellenlinien ausführt (Abb. 245 u. 246). Kleinere und mittlere Schnitte schrägt man auch oft in der Querrichtung ab (Abb. 247), um scharfe Abgratflächen und gutes Einlegen der Schmiedestücke zu erhalten. Damit das Schmiedestück sich frei schneidet und beim Durchfallen nicht klemmt, neigt man die Wandung des Schnittloches je nach Größe der Schnittplatte um 5···10°. Beim Nachschleifen der Schneidkanten — d. i. beim Schleifen der Schnittplattenoberfläche — würde aber dann das Schnittmaß im schrägen Durchfalloch immer größer. Deshalb führt man das Durchfalloch vielfach im oberen Teil mit senkrechter Wandung von 5⋯15 mm Länge aus, besonders für größere Werkzeuge. Der Schnitt wird natürlich nicht ganz so sauber wie bei einem spitzeren Schneidwinkel. Will man diesen nicht verlassen, dann muß das Werkzeug öfter aufgearbeitet werden durch Ausglühen, Nachstemmen der Schneidkanten und Nachschleifen[1].

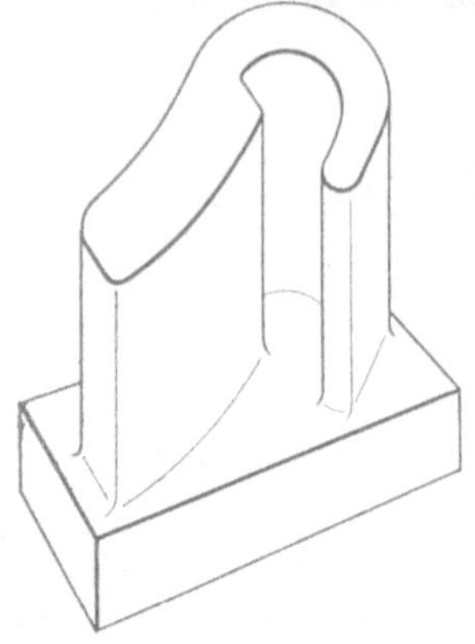

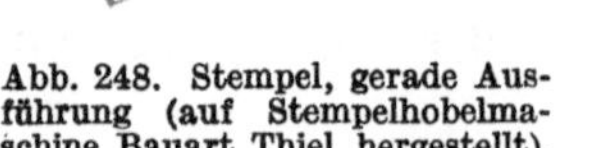

Abb. 248. Stempel, gerade Ausführung (auf Stempelhobelmaschine Bauart Thiel hergestellt).

Abb. 249. Stempel, hinterschnittene Ausführung.

Den Stempel führt man entweder gerade aus (Abb. 248), oder man schrägt ihn des besseren Freischneidens wegen nach oben ab (Abb. 249).

Abb. 250 zeigt einen zum Einlegen des Werkstückes geteilten Schnitt, auf den Spannleisten gleitend. Letztere Anordnung macht es ebenso wie der Schiebeschnitt Abb. 251 möglich, Schmiedestücke größerer Höhe in das vorgezogene Schnittwerkzeug einzulegen und dann zum Entgraten unter den Pressenstößel zu schieben[2].

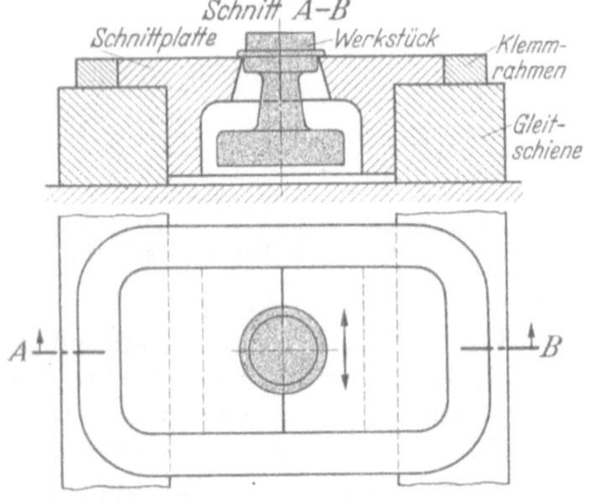

Abb. 250. Geteilter Schnitt, auf Spannleisten gleitend.

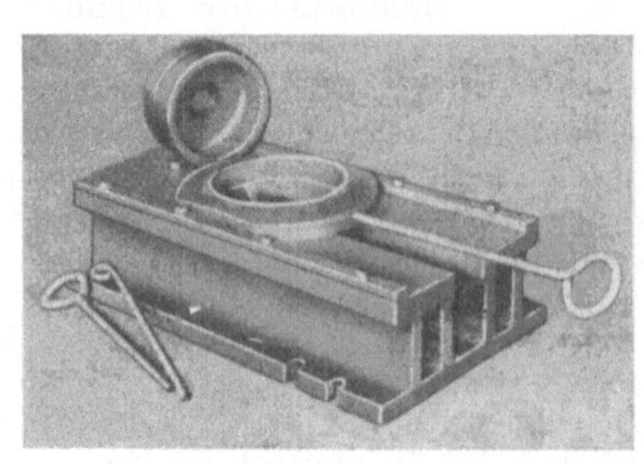

Abb. 251. Schiebeschnitt.

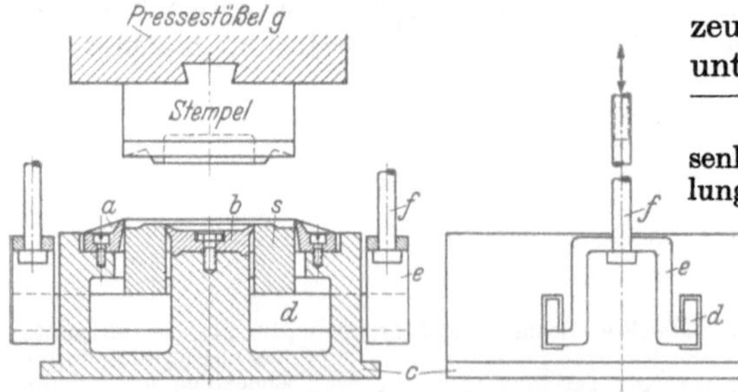

Abb. 252. Verbundabgratwerkzeug. *c* gegossener Kasten mit Stützdorn; *a* äußerer, *b* innerer Schnittring; *s* Abstreifer auf Querholmen *d*, durch Bügel *e* und Bolzen *f* mit Pressenstößel *g* verbunden.

[1] Vgl. auch Werkstattbuch Heft 58, Gesenkschmiede II, Herstellung und Behandlung der Werkzeuge. Dort in Abb. 95 ein Abstreifer zum Entfernen des Grates. Bei geschlossenem Schnitt ist ein Abstreifer stets wünschenswert, andernfalls der um den Stempel sitzende Grat mit Knippeisen von Hand entfernt werden muß. Zwischen Oberfläche, Schnittplatte und Abstreifer (*h*) muß genügend Abstand sein, um das Schmiedestück bequem einlegen zu können. Mindestmaß von h = Höhe des Schmiedestückes plus 5⋯10 mm. Zwischen Stempel und Abstreifer läßt man einen Spalt von 0,5⋯1,0 mm. Man kann den Abstreifer ein- oder zweiteilig machen, je nach Bedarf. Durch Schweißen kann man ihm bequem jede gewünschte Form geben.

[2] Heat Treat. and Forg. Jg. 1937 S. 19.

Ein Verbundabgratwerkzeug zum gleichzeitigen Abgraten und Lochen von Rädern zeigt Abb. 252. Die länglichen Durchbrüche im Sockel sind so lang, daß der Abstreifer *s* beim Abgraten tief genug heruntergehen kann. Beim Rückgang hebt der Pressenstößel den Abstreifer *s* und damit zugleich das abgegratete Schmiedestück an. Die Öffnung im Stempel zur Aufnahme des Innengrates ist etwa 3 mm größer als die Gratscheibe, damit diese frei heraus fällt. Man läßt die Innenabgratung zeitlich etwas vor der Außenabgratung wirken, um die Presse zu schonen. Das Werkzeug ist teuer und daher nur dort zu brauchen, wo es wirtschaftlich erscheint.

Bei leichteren Schmiedestücken kann man den Abstreifer auch durch eine Spiralfeder betätigen, oder man verzichtet auf den Abstreifer und macht den Stützdorn auf einer Gleitbahn nach vorn verschiebbar und herausnehmbar.

57. Arbeiten unter der Kaltschmiedepresse. Man kennt die Herstellung von kleineren Schrauben und Muttern in den Kaltschlagpressen. Durch Weiterentwicklung dieser Pressen von Einschlag- zu Zwei- und Mehrfachkaltschlagpressen hat man erreicht, daß man auch schwierigere Formen verfertigen kann. Es lassen sich auf diese Weise Teile aus Stahl und Nichteisenmetallen im kalten Zustande stauchen, spritzen und pressen, und die verschiedensten Gesenkschmiedeformen aus blankem Werkstoff herstellen (Abb. 253 u. 254)[1]. Die durch Kaltschmieden hergestellten Teile sind bei großer Genauigkeit sehr sauber und brauchen meist nur ganz geringe zusätzliche Bearbeitung für Gewinde und Bohrungen. Hinzu kommt die große Schnelligkeit des Verfahrens.

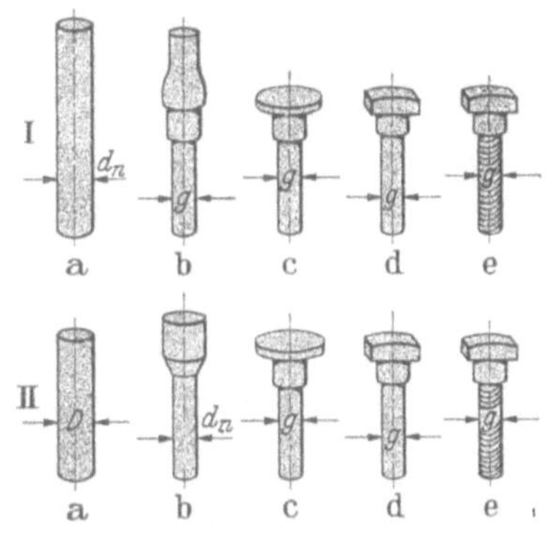

Abb. 253. Kaltschmieden einer Vierkantschraube im Stauch- und Spritzverfahren. Verfahren I (2fache Stauchung): d_n Nenndurchmesser des Drahtes; *g* Gewindedurchmesser; *a* Rohstab; *b* Kopf vorgestaucht, Schaft gespritzt; *c* Kopf fertiggestaucht; *d* Vierkant am Kopf ausgepreßt; *e* Gewinde geschnitten. Verfahren II (einfache Stauchung): *D* Drahtdurchmesser = $d_n + 1{,}5$ mm; *a* Rohstab (verstärkt); *b* Schaft gespritzt; *c* Kopf gestaucht, Schaft gespritzt; *d* und *e* wie bei I.

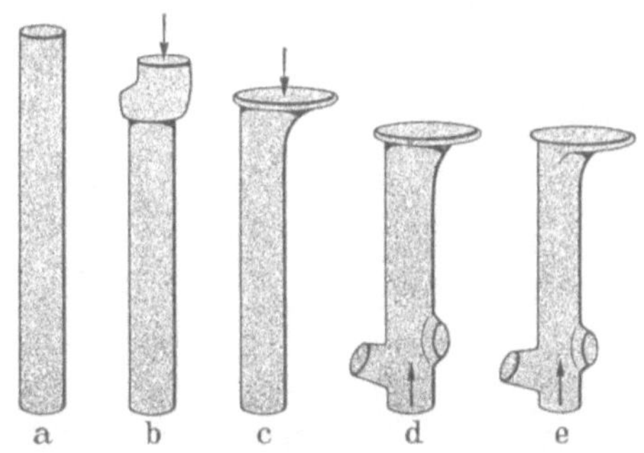

Abb. 254. Vierfachkaltstauchen eines Autobremsteiles. Pfeile = Stauchrichtung; *a* Rohstab; *b* ··· *e* Stauchungen.

[1] Trans. Amer. Soc. Metals, März 1937.

Einteilung der bisher erschienenen Hefte nach Fachgebieten (Fortsetzung)

III. Spanlose Formung

IV. Schweißen, Löten, Gießerei

V. Antriebe, Getriebe, Vorrichtungen

VI. Prüfen, Messen, Anreißen, Rechnen